电力系统继电保护规定汇编（第三版）

特高压交流卷

国家电力调度控制中心　编

中国电力出版社
CHINA ELECTRIC POWER PRESS

图书在版编目（CIP）数据

电力系统继电保护规定汇编. 特高压交流卷/国家电力调度控制中心编. —3版. —北京：中国电力出版社，2019.1
ISBN 978-7-5198-1349-9

Ⅰ. ①电… Ⅱ. ①国… Ⅲ. ①电力系统-继电保护-规定-汇编-中国 Ⅳ. ①TM77-65

中国版本图书馆CIP数据核字（2017）第276407号

出版发行：中国电力出版社
地　　址：北京市东城区北京站西街19号（邮政编码100005）
网　　址：http://www.cepp.sgcc.com.cn
责任编辑：王　晶　苗唯时（010-63412340）
责任校对：郝军燕
装帧设计：郝晓燕
责任印制：石　雷

印　　刷：三河市百盛印装有限公司
版　　次：2019年1月第三版
印　　次：2019年1月北京第一次印刷
开　　本：787毫米×1092毫米　16开本
印　　张：13.5
字　　数：324千字
印　　数：0001—2000册
定　　价：68.00元

前 言

规程标准和规章制度是确保电力系统安全稳定运行的基本保障，也是电力生产企业及其继电保护人员专业工作的依据。因此，这些规程标准和规章制度已成为继电保护专业人员学习和日常工作的必备工具书。为便于继电保护专业人员的工作和学习，促进各电力生产企业开展专业技术培训工作，国家电力调度控制中心于 1997 年 4 月和 2000 年 3 月分别编制出版了本书的第一版和第二版，受到广泛好评。

2009 年以来，随着特高压为骨干网架的坚强智能电网的快速发展，及新技术、新设备的广泛应用，继电保护专业标准化建设的工作不断加速，多项继电保护专业国家、行业标准相继颁布。为此，国家电力调度控制中心组织相关单位启动了本书的修订工作，全面梳理了自 1990 年以后发布的现行有效的继电保护专业国家标准、行业标准以及国家电网公司企业标准，组织专家对各类标准的有效性、重要性、常用性进行逐一审定，最终确定收录其中核心及常用标准予以全文出版。其他未收录的相关标准以参考标准清单形式在附录中列出，作为读者学习和扩展阅读的参考。

充分考虑读者查阅和学习的方便，《电力系统继电保护规定汇编》（第三版）共分六卷，包括通用技术卷、技术管理卷、智能电网卷、高压直流输电控制与保护卷、特高压交流卷、新能源与分布式电源及配网卷，并按照标准重要性、常用性以及关联性进行排序。

本卷为特高压交流卷，汇集了 2017 年 8 月以前继电保护专业常用的特高压交流保护技术规程、设备规范、整定规程、检验与检测规范等内容，可作为电力系统继电保护技术人员日常工作的工具书，也可作为开展继电保护练兵调考和各类人员培训的学习资料。

国家电力调度控制中心

2019 年 1 月

目 录

前言

第1篇 综 合 技 术

GB/Z 25841—2010 1000kV 电力系统继电保护技术导则 ······ 3

第2篇 整 定 计 算

Q/GDW 11397—2015 1000kV 继电保护配置及整定导则 ······ 21

第3篇 设 备 规 范

DL/T 1276—2013 1000kV 母线保护装置技术要求 ······ 41
Q/GDW 325—2009 1000kV 变压器保护装置技术要求 ······ 55
Q/GDW 326—2009 1000kV 电抗器保护装置技术要求 ······ 77
Q/GDW 327—2009 1000kV 线路保护装置技术要求 ······ 98
Q/GDW 329—2009 1000kV 断路器保护装置技术要求 ······ 121

第4篇 维 护 与 检 验

DL/T 1239—2013 1000kV 继电保护及电网安全自动装置运行管理规程 ······ 145
DL/T 1237—2013 1000kV 继电保护及电网安全自动装置检验规程 ······ 158

第5篇 试 验 与 检 测

Q/GDW 330—2009 1000kV 系统继电保护装置及安全自动装置检测技术规范 ······ 185

参考标准目录 ······ 209

第1篇

综合技术

中华人民共和国国家标准化指导性技术文件

1000kV 电力系统继电保护技术导则

Guide of protection relaying for 1000kV power system

GB/Z 25841—2010

目　　次

前言 …… 5
1　范围 …… 6
2　规范性引用文件 …… 6
3　一般性要求 …… 7
4　线路保护技术要求 …… 10
5　变压器保护技术要求 …… 12
6　母线保护 …… 14
7　断路器失灵保护和重合闸 …… 15
8　远方跳闸及过电压保护 …… 16
9　并联电抗器保护 …… 17
10　短引线保护 …… 18

前　　言

本指导性技术文件由中国电力企业联合会提出并归口。

本指导性技术文件主要起草单位：国家电网公司、南京南瑞继保电气有限公司、中国南方电网电力调度通信中心、北京四方继保自动化有限公司、国电南京自动化设备股份有限公司、华中电力调度通信中心、华北电力调度通信中心、中国电力科学研究院。

本指导性技术文件主要起草人：郑玉平、韩先才、舒治淮、柳焕章、黄少锋、周泽昕、王宁、赵曼勇、黄健、刘洪涛。

1000kV 电力系统继电保护技术导则

1　范围

本指导性技术文件规定了 1000kV 电力系统继电保护的科研、设计、制造、试验、施工和运行等有关部门共同遵守的基本准则。

本指导性技术文件适用于 1000kV 电力系统继电保护装置（简称特高压保护）。

2　规范性引用文件

下列文件中的条款通过本指导性技术文件的引用而成为本指导性技术文件的条款。凡是注日期的引用文件，其随后所有的修改单（不包括勘误的内容）或修订版均不适用于本指导性技术文件，然而，鼓励根据本指导性技术文件达成协议的各方研究是否可使用这些文件的最新版本。凡是不注日期的引用文件，其最新版本适用于本指导性技术文件。

GB/T 14285　继电保护和安全自动装置技术规程

GB/T 14598.9　电气继电器　第 22–3 部分：量度继电器和保护装置的电气骚扰试验　辐射电磁场干扰试验（GB/T 14598.9—2002，IEC 60255–22–3：2000，IDT）

GB/T 14598.10　电气继电器　第 22–4 部分：量度继电器和保护装置的电气骚扰试验　电快速瞬变脉冲群抗扰度试验（GB/T 14598.10—2007，IEC 60255–22–4：2002，IDT）

GB/T 14598.13　电气继电器　第 22–1 部分：量度继电器和保护装置的电气骚扰试验　1MHz 脉冲群抗扰度试验（GB/T 14598.13—2008，IEC 60255–22–1：2007，MOD）

GB/T 14598.14　量度继电器和保护装置的电气干扰试验　第 2 部分：静电放电试验（GB/T 14598.14—1998，idt IEC 60255–22–2：1996）

GB/T 14598.16—2002　电气继电器　第 25 部分：量度继电器和保护装置的电磁发射试验（idt IEC 60255–25：2000）

GB/T 14598.17—2005　电气继电器　第 22–6 部分：量度继电器和保护装置的电气骚扰试验–射频场感应的传导骚扰的抗扰度（IEC 60255–22–6：2001，IDT）

GB/T 14598.18—2007　电气继电器　第 22–5 部分：量度继电器和保护装置的电气骚扰试验–浪涌抗扰度试验（IEC 60255–22–5：2002，IDT）

GB/T 15145　输电线路保护装置通用技术条件

GB 16847　保护用电流互感器暂态特性技术要求（GB 16847—1997，idt IEC 60044–6：1992）

GB/T 17626.8　电磁兼容　试验和测量技术　工频磁场抗扰度试验（GB/T 17626.8—2006，IEC 61000–4–8：2001，IDT）

GB/T 17626.9　电磁兼容　试验和测量技术　脉冲磁场抗扰度试验（GB/T 17626.9—1998，idt IEC 61000–4–9：1993）

GB/T 19520.12 电子设备机械结构 482.6mm（19in）系列机械结构尺寸 第 3–101 部分：插箱及其插件

GB/T 20840.7 互感器 第 7 部分：电子式电压互感器（GB/T 20840.7—2007，IEC 60044–7：1999，MOD）

GB/T 20840.8 互感器 第 8 部分：电子式电流互感器（GB/T 20840.8—2007，IEC 60044–8：2002，MOD）

GB/T 22386 电力系统暂态数据交换通用格式（GB/T 22386—2008，IEC 60255–24：2001，IDT）

DL/T 364 光纤通道传输保护信息通用技术条件

DL/T 478 静态继电保护及安全自动装置通用技术条件

DL/T 587 微机继电保护装置运行管理规程

DL/T 667 远动设备和系统 第 5 部分：传输规约 第 103 篇 继电保护设备信息接口配套标准（IEC 60870–5–103：1997，IDT）

DL/T 670 微机母线保护装置通用技术条件

DL/T 720 电力系统继电保护柜、屏通用技术条件

DL/T 770 微机变压器保护装置通用技术要求

DL 860 变电站通信网络和系统

DL/T 866 电流互感器和电压互感器选择及计算导则

IEC 60255–11：2008 Mearsuring and protection equipment–Part 11：Vo1tage dips，short interruptions，variations and ripple on auxiliary power supply port

IEC 60721–3–3 环境条件分类 第 3 部分：环境参数组及其严酷程度的分类分级 第 3 节：在有气候防护场所的固定使用

ITU–T 2Mbit/s G708 规约

3 一般性要求

3.1 系统性要求

3.1.1 在合理的 1000kV 电网结构、接线形式和运行方式下，特高压保护应满足特高压电网和电力设备安全运行的要求。特高压保护应符合可靠性、选择性、灵敏性和速动性的要求。

3.1.2 制定保护配置方案时，对同时出现的多重故障可仅保证切除故障。

3.1.3 对于特高压电网每一保护对象（主设备或输电线路），应配置两套主后一体的保护装置。每一套保护装置的二次输入/输出（含跳合闸）回路、信息传输通道及电源输入回路，独立于另一套保护装置。

3.1.4 保护用电流互感器配置应避免出现主保护的死区。接入保护的互感器二次绕组的分配，应注意避免当一套保护停用时，出现被保护区内故障时的保护动作死区，同时又要尽可能减轻电流互感器本身故障时所产生的影响。

3.1.5 保护装置应满足 GB/T 14285、DL/T 478 的要求。

3.1.6 为提高传送跳闸命令的可靠性，应设立独立的远方跳闸装置和独立的命令传输通道。

3.2 工作环境要求

保护装置工作运行场所应满足相关国家和DL/T 478规定的条件，具备防御雨、雪、风、沙的措施，空气无明显污染，各种有害杂质含量低于IEC 60721–3–3中3C1和3S1类的规定数值，不存在超过规定水平的电磁骚扰和振动，并有必要的接地、屏蔽、安全防范措施。保护装置应能在上述规定条件下，通过国家和行业权威检测中心的试验测试验证，并应在上述工作条件下安全、可靠、稳定地运行。

3.3 电磁兼容

3.3.1 在不外接抗干扰元件的前提下，保护装置应满足有关电磁兼容标准的要求。

3.3.2 保护装置电磁兼容性能应达到表1试验等级要求。

表1 装置应达到的电磁兼容试验等级

序号	试验项目名称	依据的标准	试验等级
1	静电放电试验	GB/T 14598.14	4
2	辐射电磁场干扰试验	GB/T 14598.9	3
3	快速瞬变干扰试验	GB/T 14598.10	4
4	浪涌（冲击）抗扰度试验	GB/T 14598.18	3
5	1 MHz和100 kHz脉冲群干扰试验	GB/T 14598.13	3
6	电压跌落、短时中断、辅助电源瞬变和纹波	IEC 60255–11	
7	工频磁场抗扰度试验	GB/T 17626.8	5
8	射频场感应的传导骚扰抗扰度	GB/T 14598.17	3
9	电磁发射试验	GB/T 14598.16	
10	脉冲磁场抗扰度试验	GB/T 17626.9	5

3.4 保护装置要求

3.4.1 保护配置

应将被保护设备或线路的主保护及后备保护综合在一整套装置内，共用直流电源输入回路及交流电压、电流的二次回路。该装置应能反应被保护设备或线路的各种故障及异常状态，并动作于跳闸或给出信号。

3.4.2 自检

保护装置应具有在线自动检测功能，包括保护硬件损坏、功能失效和二次回路异常运行状态的自动检测。自动检测必须是在线自动检测，不应由外部手动起动；装置的任一元件（出口继电器可除外）损坏后，自动检测回路应能发出告警或装置异常信号，并给出有关信息指明损坏元件的所在部位，在最不利情况下应能将故障定位至模块（插件）。

保护装置任一元件（出口继电器可除外）损坏时，装置不应误动作跳闸。

3.4.3 独立起动元件

装置应具有独立的启动元件，只有在电力系统发生扰动时，才允许开放出口跳闸回路。

3.4.4 中央信号

装置的跳闸中央信号的触点在直流电源消失后应能自保持，只有当运行人员复归后，信号触点才能返回，人工复归应能在装置外部进行。

3.4.5 输入输出隔离

3.4.5.1 装置的输入/输出回路应具有隔离措施，不应与其他装置或设备有电的直接联系。

3.4.5.2 保护跳闸回路以及直接启动保护跳闸的开关量输入回路应有足够的启动功率，防止控制回路一点接地引起保护误动。

3.4.6 交流电压异常

装置在电压二次回路一相、两相或三相同时断线、失压时应发出告警信号，并闭锁可能误动作的保护。

3.4.7 定值

保护装置的定值设置应满足保护功能的要求，应尽可能做到简单、易整定；为适应系统运行方式的变化，应设置多套可切换的定值组。

3.4.8 故障记录

保护装置必须具有故障记录功能，以记录保护的动作过程，为分析保护动作行为提供详细、全面的数据信息，但不要求代替专用的故障录波器。保护装置故障记录的要求是：

a） 记录内容应为故障时的输入模拟量和开关量、输出开关量、动作元件、动作时间、相别；

b） 在被保护对象发生故障时，应可靠记录并不丢失故障信息；

c） 应能保证在装置直流电源消失时，不丢失已记录信息。

3.4.9 事件记录

保护装置应以时间顺序记录的方式记录正常运行的操作信息，如开关变位、开入量输入变位、压板切换、定值修改、定值切换等，记录应保证充足的容量。

3.4.10 辅助接口

保护装置应配置必要的维护调试接口、打印机接口。

3.4.11 记录输出

保护装置应能输出装置本身的自检信息及故障记录，后者应包括时间、动作事件报告、动作采样值数据报告、开入、开出和内部状态信息、定值报告等，装置应具有数字/图形输出功能。故障记录输出格式应符合 GB/T 22386 要求。

3.4.12 通信接口

保护装置应具备与监控系统等相连的通信接口，通信数据格式应符合 DL 860 或 DL/T 667 系列标准规约。

3.4.13 辅助软件

宜提供必要的辅助功能软件，如通信及维护软件、定值整定辅助软件、故障记录分析软件、调试辅助软件等。

3.4.14 软件安全防护

保护装置的软件应设有安全防护措施，防止出现不符合要求的更改。

3.4.15 时钟和时钟同步

保护装置应具有硬件时钟电路，装置在失去直流电源时，硬件时钟应能正常工作。保护装置应具有与外部标准授时源的IRIG–B对时接口。装置时钟精度：24h不超过±2s；经过时钟同步后相对误差不大于±1ms。

3.4.16 直流电源

保护装置的直流工作电源，应保证在外部电源为80%～115%额定电压、纹波系数不大于5%的条件下可靠工作。拉、合装置直流电源或直流电压缓慢下降及上升时，装置不应误动。直流电源消失时，应有输出接点以起动告警信号。直流电源恢复时，装置应能自动恢复工作。

3.5 互感器要求

3.5.1 电子式互感器应符合GB/T 20840.7、GB/T 20840.8。

3.5.2 线路、变压器、母线保护用电流互感器应采用TPY电流互感器，其性能应符合DL/T 866和GB 16847的要求。

3.5.3 保护区内故障时，电流互感器误差应不影响保护可靠动作；保护区外最严重故障时电流互感器误差应不会导致保护误动作或无选择动作。

3.6 机械结构要求

装置机械结构应符合GB/T 19520.12、DL/T 720技术要求。

3.7 运行管理

宜根据DL/T 587要求，结合特高压电网运行技术管理要求进行。

4 线路保护技术要求

4.1 一般要求

4.1.1 应满足GB/T 15145相关要求。

4.1.2 应反映1000kV输电线路各种故障和异常状况，主要应考虑并满足以下要求：

a） 线路输送功率大，稳定问题严重，要求保护动作快，可靠性高及选择性好；
b） 线路采用大截面分裂导线、不完全换位及紧凑型线路所带来的影响；
c） 电流互感器变比大，正常运行及故障时二次电流比较小对保护装置的影响；
d） 同杆并架双回线路发生跨线故障对两回线跳闸和重合闸的不同要求；
e） 采用大容量发电机、变压器所带来的影响；
f） 线路分布电容电流明显增大所带来的影响；
g） 系统装设串联电容补偿和并联电抗器等设备所带来的影响；
h） 采用带气隙的电流互感器和电容式电压互感器后，二次回路的暂态过程及电流、电压传变的暂态过程所带来的影响；
i） 高频信号在长线路上传输时，衰耗较大及通道干扰电平较高所带来的影响以及采用光缆、微波迂回通道时所带来的影响；
j） 高压直流输电设备所带来的影响。

4.1.3 线路在空载、轻载、满载等各种状态下，在保护范围内发生金属性和非金属性的各种故障（包括单相接地、两相接地、两相不接地短路、三相短路及复合故障、转换性故障等）时，保护应能正确动作。在保护范围末端经小过渡电阻相间故障时应具有抗静态超越的能力。

4.1.4 保护范围外发生金属性和非金属性故障时，装置不应误动。

4.1.5　外部故障切除、故障转换、功率突然倒向及系统操作等情况下，保护不应误动作。

4.1.6　应能根据电压电流量判别线路运行状态，实现线路非全相状态的判别和重合后加速跳闸。

4.1.7　每套保护应分别起动断路器的一组跳闸线圈。

4.1.8　每套保护应分别使用互相独立的远方信号传输设备。

4.1.9　系统正常情况下，当通道有故障或异常时，纵联保护不应误动作。

4.2　保护配置

4.2.1　主保护采用分相电流差动保护或纵联距离保护，双重化配置，复用光纤通道构成全线速动保护。

4.2.2　应配置快速反应近端严重故障的、不依赖于通道的快速距离保护。

4.2.3　后备保护配置完整的三段式分相跳闸的相间和接地距离后备保护。在接地后备保护中，还应配置定时限和/或反时限零序电流保护以保护高阻接地故障。零序功率方向元件采用自产零序电压。

4.2.4　应具有在电压回路异常情况下投入的后备保护功能。

4.2.5　应配置独立的选相功能并有单相和三相跳闸逻辑回路。

4.2.6　每套保护应具有故障测距功能，并能判别故障类型及相别。

4.2.7　对同杆并架线路，宜配置分相电流差动或其他具有跨线故障选相功能的全线速动保护。

4.3　功能要求

4.3.1　选相

4.3.1.1　线路故障时能正确选相实现分相跳闸或三相跳闸。

4.3.1.2　系统发生经高过渡电阻单相接地故障时，对于分相电流差动保护，当故障点电流大于 800A 时，保护应能选相动作切除故障；对于光纤距离保护，当零序电流（$3I_0$）大于 300A 时，保护应能选相动作切除故障。

4.3.2　振荡闭锁

4.3.2.1　系统发生全相或非全相振荡，振荡过程中又发生区外故障，保护装置不应误动作跳闸；

4.3.2.2　系统在全相或非全相振荡过程中，被保护线路如发生各种类型的不对称故障，保护装置应有选择性地动作跳闸，纵联保护仍应快速动作；

4.3.2.3　系统在全相振荡过程中发生三相故障（不考虑故障在振荡中心），保护装置应可靠动作跳闸，但允许带短延时。

4.3.3　弱馈

线路保护应能适用于弱电源侧。

4.3.4　同杆并架

4.3.4.1　应避免跨线故障误跳双回线路。

4.3.4.2　距离保护应能适应同杆并架线路对装置的特殊要求，宜具有按相跳闸、按相顺序重合闸功能。

4.3.5　串联补偿

对装有串联补偿电容的 1000kV 线路和相邻线路，应考虑以下因素影响并采取必要的措施防止保护装置不正确动作：

a）由于串联电容的影响可能引起故障电流、电压的反相；

b）故障时，串联电容保护间隙的击穿情况；

c）电压互感器装设位置（在电容器的内侧或外侧）对保护装置工作的影响。

4.3.6 电流差动保护

电流差动保护应有专门的措施，以消除特高压系统产生的谐波和直流分量的影响，并对电容电流尤其是暂态电容电流进行补偿。

4.3.7 测距

对于金属性短路，测距误差应不大于线路全长的3%。

4.3.8 动作时间

4.3.8.1 主保护动作时间（不包括通道传输时间）：光纤分相电流差动主保护整组动作时间不超过30ms；光纤距离保护在金属性故障时整组动作时间应≤30ms。

4.3.8.2 距离Ⅰ段（0.7倍整定值），不超过30ms。

4.4 保护与通道的接口

4.4.1 采用光纤通道时，保护装置与通信设备的接口、接口连接、保护通道构成方式，以及应遵守的技术原则、可靠性指标应符合DL/T 364。

4.4.2 保护应采用2Mbit/s数字接口，ITU–T 2Mbit/s G703规约。

4.4.3 每回线的每套分相电流差动保护的通信接口设备应完全独立。

4.4.4 保护装置直接采用光纤与保护接口设备连接。

4.4.5 保护装置对复用光纤通道应具有监视功能，当通道异常、误码率很高时应能发出告警信号，必要时应能闭锁主保护。

5 变压器保护技术要求

5.1 一般要求

5.1.1 1000kV变压器保护装置的保护范围应包括主变压器、调压变、补偿变压器。

5.1.2 应满足DL/T 770基本要求。

5.1.3 变压器保护应采用主后一体化保护装置，具有被保护变压器所要求的全部主后备保护功能。

5.1.4 非电量电气保护应独立于电气量保护装置，瞬时出口或延时出口。

5.2 保护配置

5.2.1 变压器保护应配置两套主后一体化装置。

5.2.2 每套保护应完全独立配置，应满足如下要求：

a）具有接入高、中压侧和公共绕组回路的零序差动保护或分侧差动保护，不应将中性点零序电流接入差动保护；

b）非电量保护分相设置；

c）各侧应灵活配置后备保护，各侧应各装设一套不带任何闭锁的过流保护或零序电流保护作为变压器的总后备保护。

5.2.3 每套保护应配置如下保护功能：

a）变压器绕组及其引出线的相间短路和中性点直接接地或经小电阻接地侧的接

地短路；

b）绕组匝间短路；

c）外部相间短路引起的过电流；

d）外部接地短路引起的过电流及中性点过电压；

e）过负荷；

f）过励磁；

g）中性点非有效接地侧的单相接地故障；

h）油面降低；

i）变压器油温、绕组温度过高及油箱压力过高和冷却系统故障。

5.2.4　主变压器保护和调压变压器、补偿变压器保护应独立配置，分布于不同保护装置内，并单独组屏，以方便现场运行调试。

5.2.5　主变压器保护应配置纵差保护，或分相差动保护加上低压侧小区差动保护。

5.2.6　主变压器各侧应配置后备保护和过负荷功能，各侧应各装设一套不带任何闭锁的过流保护或零序电流保护作为变压器的总后备。

5.2.7　为了保证调压变和补偿变匝间故障的灵敏度，两者必须单独配置差动保护，调压变和补偿变不配置差动速断和后备保护。

5.3　功能要求

5.3.1　纵联差动保护

5.3.1.1　应能躲过励磁涌流（包括和应涌流等各种由于变压器铁芯饱和引起的励磁电流）和外部短路产生的不平衡电流。

5.3.1.2　在变压器过励磁时不应误动作。

5.3.1.3　在电流回路断线时应发出断线信号，电流回路断线允许差动保护动作跳闸。

5.3.1.4　在正常情况下，差动保护的保护范围应包括变压器套管和引出线，在设备检修等特殊情况下，允许差动保护短时利用变压器套管电流互感器，此时套管和引线故障由后备保护动作切除。

5.3.2　相间后备保护

5.3.2.1　对外部相间短路引起的变压器过电流，变压器应装设相间短路后备保护，保护带延时跳开相应断路器。

5.3.2.2　在满足灵敏性和选择性要求的情况下，应优先选用简单可靠的电流、电压保护作为相间短路后备保护。

5.3.2.3　对电流、电压保护不能满足灵敏性和选择性要求的变压器可采用阻抗保护。

5.3.3　接地后备保护

5.3.3.1　对外部单相接地短路引起的变压器过电流，变压器应装设接地短路后备保护，保护带延时跳开相应断路器。

5.3.3.2　为简化保护和降低零序过流保护的动作时间，高、中压侧的零序过流保护只设置两段，一段动作于变压器本侧断路器，二段动作于变压器各侧断路器。

5.3.3.3　为满足选择性要求，零序过流保护可增设方向元件。

5.3.4　过激磁保护

应具有定时限或反时限特性并与被保护变压器的励磁特性相配合。定时限保护由两段组成，低定值动作于信号，高定值动作于跳闸，定时限过激磁保护的返回系数应不小于 0.97。

5.3.5 非电量保护

5.3.5.1 非电量保护应有独立的出口回路，非电量保护应同时作用于断路器的两个跳闸线圈。

5.3.5.2 对于装置间不经附加判据直接启动跳闸的开入量，应经抗干扰继电器重动后开入。抗干扰继电器的启动功率应大于 5W，动作电压在额定直流电源电压的 55%～70%范围内。

5.3.5.3 不允许由非电气量保护启动失灵。

5.3.6 动作时间

变压器保护整组动作时间≤30ms（差流大于 2 倍整定值时）。

6 母线保护

6.1 一般性要求

6.1.1 应满足 DL/T 670 基本要求。

6.1.2 保护装置应有专门的滤波措施，以避免特高压系统产生的谐波和直流分量对保护装置的影响。

6.1.3 在由分布电容、并联电抗器、变压器（励磁涌流）、高压直流输电设备和串联补偿电容等所产生的稳态和暂态的谐波分量和直流分量的影响下，保护装置不应误动作或拒动。

6.1.4 各小室距离较远时宜优先考虑分布式母线保护装置并采用光纤通信。

6.2 保护配置

6.2.1 每组母线应配置两套母线保护装置。

6.2.2 每套保护装置的直流电源、各单元二次电流回路及出口跳闸回路应互相独立。

6.2.3 功能要求

6.2.3.1 保护应能正确反应母线保护区内的各种类型故障，并动作于跳闸。

6.2.3.2 母线差动保护必须具有抗 TA 饱和功能，对各种类型区外故障，母线保护不应由于短路电流中的非周期分量引起电流互感器的暂态饱和而误动作。

6.2.3.3 当母线发生经高过渡电阻单相接地故障时，当故障点电流大于 3000A 时，保护应能切除故障。

6.2.3.4 母线区内故障流出电流小于 30%时，保护不应因有电流流出的影响而拒动。

6.2.3.5 分布式母线保护

任一分布单元的通信中断不应造成整个通信网络的中断。任何通信故障不应造成保护装置误动，并能发出报警信号。

各分布单元采样同步的电角度误差应小于 0.1°。

6.2.3.6 动作时间

母线保护整组动作时间≤15ms（差流大于 2 倍整定值时）。

6.2.4 TA 变比调整

母线保护应允许使用不同变比的电流互感器。当变比在现场调整时，应能通过整定方法简单方便完成电流通道平衡，不应通过修改保护软件来完成。

6.2.5　断线检测和闭锁

母线保护装置中应对 TA 二次回路异常运行状态进行检测，当交流电流回路不正常或 TA 断线时发告警信号并闭锁母差保护。

6.2.6　电压闭锁

母线保护装置无需设置电压闭锁。

7　断路器失灵保护和重合闸

7.1　断路器失灵

7.1.1　一般性要求

7.1.1.1　边断路器失灵判别设置在断路器保护中。

7.1.1.2　对于 3/2 接线，靠母线侧断路器的失灵保护跳本母线所有断路器的出口回路宜与相应母差共用出口。

7.1.1.3　应设置灵敏的、不需整定的失灵开放电流元件并带 50ms 的固定延时，防止由于失灵开入异常等原因造成失灵联跳误动。

7.1.1.4　失灵保护应有足够的跳闸出口接点。

7.1.2　保护配置

7.1.2.1　保护应按断路器配置，包括断路器失灵保护、充电保护、死区保护。

7.1.2.2　与线路相连的断路器保护应配重合闸功能。

7.1.2.3　当 TA 和断路器之间存在保护死区时，应配置死区保护，以缩短失灵保护动作时间。

7.1.3　功能要求

7.1.3.1　断路器失灵保护的起动应符合下列要求：

a）　故障线路或电力设备能瞬时复归的出口继电器动作后不返回；

b）　断路器未断开的判别元件动作后不返回。

7.1.3.2　判别元件的动作时间和返回时间均不应大于 30ms。

7.1.3.3　失灵保护应瞬时再次动作于本动作相断路器跳闸，再经第一时限三跳本断路器，经第二时限动作于其他相邻断路器。

7.1.3.4　失灵保护动作跳闸应同时动作于两组跳闸回路。

7.1.3.5　失灵保护动作应闭锁重合闸。

7.1.3.6　线路断路器失灵保护动作后，应通过通道向线路对侧发送远方跳闸信号。

7.1.3.7　充电保护应可通过压板投退，动作后应能启动失灵保护。

7.1.3.8　充电保护设置两段相过电流、一段零序电流保护，Ⅱ段过流与零序共用一段时限。

7.1.3.9　死区保护与失灵保护应共用跳闸出口。

7.2　重合闸

7.2.1　一般性要求

7.2.1.1　重合闸应具备常规重合闸及按相顺序重合闸功能。

7.2.1.2　常规重合闸应按断路器配置，按相顺序重合闸应按线路配置。

7.2.1.3　重合闸装置应有外部闭锁重合闸的输入回路，以便在手动跳闸、手动合闸、母线故障、变压器故障、断路器失灵、断路器三相不一致、远方跳闸、延时段保护动作等情况下接入闭锁重合闸接点。

7.2.1.4　重合闸装置应具有“压力低闭锁重合闸”的接入回路。断路器操作压力降低闭锁重合闸应保证只检查断路器操作前的操作压力。

7.2.1.5　在断路器无法重合时，对应断路器的重合闸应准备好三跳回路，在线路保护发出单跳令时，该断路器三跳，同时不应影响另一个断路器重合闸功能。

7.2.1.6　重合闸沟通三跳应只沟通本断路器的三跳回路。

7.2.1.7　重合闸合闸脉冲宽度应不小于 100ms，以保证断路器可靠合闸，不会使断路器产生二次重合闸或跳跃现象。

7.2.1.8　重合闸装置中任意一个元件损坏或有异常，应不发生多次重合闸及规定不允许三相重合闸的三相重合闸。

7.2.2　功能要求

7.2.2.1　常规重合闸

a）启动方式包括线路保护跳闸启动和断路器位置不对应启动，重合闸装置收到起动脉冲后，应能将起动脉冲自保持；

b）应能实现单相重合闸、三相重合闸、综合重合闸及停用方式。三相重合闸及综合重合闸应能采用无电压或检查同期实现；

c）只实现一次重合闸，在任何情况下不应发生多次重合闸。

7.2.2.2　按相顺序重合闸

a）按相顺序重合闸由线路保护的按相重合闸命令启动；

b）对于同塔双回线，线路保护综合两回线的信息，完成双回线的按相顺序重合闸功能；断路器保护根据线路保护的重合闸指令完成重合闸出口功能；按相顺序重合闸应能可靠避免重合于可能的跨线永久故障及近处严重故障；

c）投入按相顺序重合闸，若无PT断线、通道异常等情况，则固定退出常规重合闸；当发生通道异常、PT断线等异常情况时，按相顺序重合闸应能自动转为常规重合闸方式，该方式为常规重合闸预设的重合闸方式；

d）一回线三相跳闸应闭锁该回线的按相顺序重合闸功能。

7.3　非全相保护

如电力系统不允许长期非全相运行，为防止断路器一相断开后，由于单相重合闸装置拒绝合闸而造成非全相运行，应具有断开三相的非全相保护功能。

8　远方跳闸及过电压保护

8.1　一般要求

8.1.1　远方跳闸

一般情况下，发生下列故障时应传送远方跳闸命令，使相关线路对侧断路器跳闸切除故障：

a）断路器失灵保护动作；

b）高压侧无断路器的线路并联电抗器保护动作；

c）线路过电压保护动作；

d） 线路变压器组的变压器保护动作；

e） 高压线路串联补偿电容器的保护动作。

8.1.2 过电压保护

8.1.2.1 过电压保护应能在线路出现未能预料到的任何危及绝缘的不正常工频过电压时，断开有关的断路器。

8.1.2.2 在系统正常运行或在系统暂态过程的干扰下均不应误动作。过电压保护的动作时间和整定值应与特高压变电站一次设备过电压保护协调配合。

8.1.2.3 过电压保护应按相装设过电压继电器。以保证单相断开时测量电压的准确性。

8.1.2.4 过电压继电器应能适用于电容式电压互感器。过电压继电器的返回系数应大于0.98。

8.1.2.5 过电压继电器动作后，应发送远方跳闸信号，使线路对侧断路器跳闸。

8.2 保护配置

保护应配置双重化的远方跳闸及过电压保护。

8.3 通道

传送跳闸命令的通道优先选用光纤通道。

8.4 就地故障判别和闭锁

为提高远方跳闸的安全性，防止误动作，执行端均应设置就地故障判别元件。只有在收到远方跳闸命令、且就地故障判别元件起动时，才允许出口跳闸跳开相关断路器。远方跳闸保护动作应闭锁重合闸。

可以作为就地故障判别元件起动量的有：低电流、过电流、负序电流、零序电流、低功率、负序电压、低电压、过电压等。就地故障判别元件应保证对其所保护的线路或电力设备故障有足够灵敏度。

9 并联电抗器保护

9.1 一般要求

对并联电抗器的下列故障及异常运行方式，应装设相应的保护：

a） 线圈的单相接地和匝间短路及其引出线的相间短路和单相接地短路；

b） 油面降低；

c） 油温度升高和冷却系统故障；

d） 过负荷。

9.2 保护配置

9.2.1 电抗器保护应采用主后一体双重化配置。

9.2.2 并联电抗器内部和引线的各种故障应有完善的快速保护，应配置纵差保护、匝间短路保护及过流后备保护。

9.2.3 非电量保护的直流电源和跳闸出口回路应与电量保护的直流电源和跳闸出口回路相对独立。

9.3 功能要求

9.3.1 匝间短路

1000kV 并联电抗器，应装设匝间短路保护，保护应不带时限动作于跳闸。

9.3.2 过负荷

对 1000kV 并联电抗器，当电源电压升高并引起并联电抗器过负荷时，应装设过负荷保护，过负荷特性宜采用反时限特性且与电抗器的允许过电压倍数特性趋线相配合。保护带时限动作于信号或跳闸。

对三相不对称等原因引起的接地电抗器过负荷，宜装设过负荷保护，保护带时限动作于信号。

9.3.3 后备保护

作为速断保护和差动保护的后备，应装设过电流保护，保护整定值按躲过最大负荷电流整定，保护带时限动作于跳闸。

中性点接地小电抗一般不需配置后备保护。

9.3.4 非电量保护

非电量保护应有独立的出口回路，非电量保护应同时作用于断路器的两个跳闸线圈；对于装置间不经附加判据直接启动跳闸的开入量，应经抗干扰继电器重动后开入；抗干扰继电器的启动功率应大于 5W，动作电压在额定直流电源电压的 55%～70%范围内。

不允许由非电气量保护启动失灵。

9.3.5 起动远跳

1000kV 线路并联电抗器的保护在无专用断路器时，其动作除跳开线路的本侧断路器外还应起动远方跳闸装置，跳开线路对侧断路器。

9.3.6 动作时间

1000kV 并联电抗器，应装设纵联差动保护。瞬时动作于跳闸。保护整组动作时间≤30ms（差流大于 2 倍整定值时）。

10 短引线保护

10.1 保护配置

10.1.1 保护应双重化配置，保护设有差动保护及两段充电过流保护功能。

10.1.2 配置两段充电过流保护，可兼作线路的充电保护。

10.2 功能要求

10.2.1 差动保护

短引线保护应装设差动保护，瞬时动作于跳闸。

10.2.2 短线路保护

短引线保护可根据线路刀闸辅助接点投退。

10.2.3 TA 断线

保护装置中应对 TA 二次回路异常运行状态进行检测，当交流电流回路不正常或 TA 断线时发告警信号，并闭锁差动保护。

第2篇

整定计算

国家电网公司企业标准

1000kV 继电保护配置及整定导则

Allocation and setting guide for 1000kV power system protection

Q/GDW 11397—2015

目　次

前言 …… 23
1 范围 …… 24
2 规范性引用文件 …… 24
3 总则 …… 24
4 保护配置要求 …… 24
5 保护整定原则 …… 27
编制说明 …… 33

前　言

本标准规范了国家电网公司 1000kV 交流电网的继电保护配置及整定计算原则。本标准是国家电网公司 1000kV 的线路、变压器、高压并联电抗器、母线、断路器等电力设备继电保护装置整定计算的依据。

本标准由国家电网公司国家电力调度控制中心归口并解释。

本标准由国家电网公司科技部归口。

本标准主要起草单位：国家电网公司华东分部、中国电力科学研究院。

本标准主要起草人：倪腊琴，王德林，刘宇，陈建民，刘中平，桂强，邱智勇，车文妍，王晓阳，杨国生，周泽昕，方愉冬，甘忠，王同文。

本标准首次发布。

本标准在执行过程中的意见或建议反馈至国家电网公司科技部。

1000kV 继电保护配置及整定导则

1 范围

本标准规定了国家电网公司 1000kV 交流电网的继电保护配置及整定计算原则。

本标准适用于国家电网公司 1000kV 的线路、变压器、高压并联电抗器、母线、断路器等电力设备继电保护装置的整定计算。

2 规范性引用文件

下列文件对于本文件的应用是必不可少的。凡是注日期的引用文件，仅注日期的版本适用于本文件。凡是不注日期的引用文件，其最新版本（包括所有的修改单）适用于本文件。

GB 1094.5—2008 电力变压器 第 5 部分：承受短路的能力

DL/T 559—2007 220kV～750kV 电网继电保护装置运行整定规程

DL/T 684—2012 大型发电机变压器继电保护整定计算导则

Q/GDW 422—2010 国家电网继电保护整定计算技术规范

Q/GDW 1161—2014 线路保护及辅助装置标准化设计规范

IEC 60255-3 电气继电器 第 3 部分：他定时限或自定时限的单输入激励量量度继电器（E1ectrical re1ays Part 3: Single input energizing quantity measuring relays with dependent or independent time）

3 总则

3.1 本标准为适应 1000kV 交流特高压的发展，明确交流特高压保护的配置及整定原则。

3.2 本标准是针对 1000kV 交流特高压保护的特殊性，对 DL/T 559—2007、DL/T 684—2012、Q/GDW 422—2010 的补充和完善。

3.3 本标准中的母线以 3/2 接线为例，其他情况可参照执行。

3.4 对继电保护在特殊运行方式下的处理，应经所在单位主管领导批准，并备案说明。

4 保护配置要求

4.1 基本配置原则

4.1.1 1000kV 系统继电保护的配置应合理地兼顾工程的近期及远期的需要。

4.1.2 1000kV 系统应选用安全可靠、有成熟运行经验的保护设备。

4.1.3 1000kV 线路、主变、母线、高抗等配置双重化保护。

a） 双重化配置的保护装置及其回路之间应完全独立，不应有直接的电气联系。两套装置应分别安装在独立的屏柜上，接用两组独立的直流电源、两组独立的电流、电压互感器次级绕组，其跳闸出口回路也应分别接到相关断路器的两组跳闸线圈。

b） 双重化配置的两套保护应采用不同厂家产品。

4.1.4　1000kV 特高压线路、主变、母线、高抗的主保护应采用 TPY 型电流互感器，电流互感器的布置应满足保护无死区。

4.2　线路保护配置

4.2.1　1000kV 线路保护应装设两套完全独立的主、后一体化保护，每套线路保护应单独配屏。

4.2.2　1000kV 线路应配置快速反映近端严重故障的、不依赖于通道的快速距离保护。

4.2.3　1000kV 线路应配置三段式接地、相间距离后备保护。

4.2.4　1000kV 线路应配置一段反时限零序方向过流保护以保护高阻接地故障。零序功率方向元件采用自产零序电压并采取有效措施防止电压死区。反时限零序过流应具备 IEC 60255-3 标准反时限特性方程中的正常反时限特性方程曲线（noma1 IDMT）。

4.2.5　1000kV 线路应采用分相电流差动保护作为线路主保护。

a） 分相电流差动保护应有分相式线路电容电流实时补偿功能。

b） 分相电流差动保护应具有弱馈功能。

c） 分相电流差动保护应包含反应高阻接地故障的零序差动保护。

d） 分相电流差动保护装置在电流二次回路断线时应具有告警功能。

4.2.6　1000kV 线路保护通道应采用 OPGW 型的光纤通道。

a） 每套分相电流差动保护具备两个光纤通道接口，两个通道同时工作。在任一个通道且仅一个通道故障时，不影响线路分相电流差动保护的运行。

b） 分相电流差动保护在任一通道发生异常时应能正确判断并具有告警功能。

c） 分相电流差动保护的两个通道应采用两条不同的光纤通道，在复用通信光端机时应采用两套独立的光通信设备，两组独立的电源即应满足“双设备、双路由、双电源”的要求。

4.2.7　每套线路保护需配置一套远跳就地判别装置，当需要配置线路过电压保护时，就地判别装置与过电压保护合用。

4.2.8　远方跳闸保护采用经故障判据方式。就地故障判据可采用故障电流、故障电压和单相低有功、低功率因数角等。

4.2.9　过电压保护应采用分相电压测量元件。过电压保护动作后经延时通过线路保护的远传回路跳线路对侧的断路器。

4.3　断路器保护配置

4.3.1　1000kV 断路器应配置独立的断路器保护，每套断路器保护应单独配屏。断路器保护包含重合闸、 失灵、充电过流Ⅰ、Ⅱ段和充电零序过流功能。

4.3.2　充电过流Ⅰ、Ⅱ段保护包括由硬压板投退的两段式相过流保护，具有瞬时和延时跳闸功能。充电零序过流与充电过流Ⅱ段共用延时定值。

4.3.3　发电厂出口线路的单相重合闸应有顺序重合功能，即发电厂的重合闸判断线路三相有电压后才重合，避免发电厂侧开关重合于故障对机组造成损伤。

4.3.4　断路器三相不一致保护应采用断路器本体三相不一致保护。

4.3.5 发变组断路器的三相不一致启动失灵保护的逻辑判断功能在发变组保护内实现，跳闸可共用断路器的失灵跳闸出口。

4.4 短引线保护

4.4.1 1000kV 短引线保护若运行需要且接线方式能实现则应双重化配置，短引线保护可独立组屏，也可和边断路器合用一面屏柜。

4.4.2 短引线保护应采用差动原理，CT 次级应按断路器分别接入装置。

4.5 母线保护配置

4.5.1 1000kV 母线应配置双重化母差保护，每套母差保护应单独配屏。

4.5.2 1000kV 主变低压侧母线保护应双重化配置，每套母差保护应单独配屏。

4.5.3 边断路器失灵联跳本母线其他断路器应与母线保护共用出口。

4.5.4 母线保护应设置灵敏的、不需整定的失灵开放电流元件并带一定裕度的固定延时，防止由于失灵开入异常等原因造成失灵联跳误动。

4.6 变压器保护配置

4.6.1 1000kV 变压器保护包含主体变保护和调压补偿变保护。主体变保护和调压补偿变保护应分布于不同保护装置内，并单独组屏。

4.6.2 1000kV 主体变保护配置：

a） 主体变保护应双重化配置，采用主、后一体化保护。两套电气量保护应分别组屏。主体变的非电量保护单独组屏。

b） 主体变保护应配置纵差保护或分相差动保护加不需整定的低压侧小区差动保护。

c） 主体变保护应具有接入高、中压侧和公共绕组回路的分侧差动保护，不应将中性点零序电流接入差动保护。

d） 主体变可配置不经整定的反应故障分量的差动保护。

e） 当主体变采用比率制动纵差保护时，差动保护装置应分别接入各侧每个断路器的分支电流；当主体变采用比率制动分相差动保护加不需整定的低压侧小区差动保护时，分相差动保护装置应分别接入高、中压侧每个断路器的分支电流及低压侧套管电流；低压侧小区差动应分别接入低压侧套管电流和低压侧分支电流。

f） 主体变各侧应配置后备保护和过负荷功能，各侧应各装设两套不带任何闭锁的过流保护或零序电流保护作为变压器的总后备保护。

g） 对外部相间短路引起的变压器过电流，主体变应装设相间短路后备保护，保护带延时跳开相应断路器。可采用相间阻抗保护。

h） 对外部单相接地短路引起的变压器过电流，主体变应装设接地短路后备保护，保护带延时跳开相应断路器。可采用接地阻抗保护。

i） 主体变应装设过激磁保护。过激磁保护应具有定时限低定值信号和反时限跳闸功能。反时限特性应与被保护变压器的励磁特性相配合。原则一般过激磁保护安装在变压器的高压侧。

j） 主体变低压侧应配置电压偏移保护，动作于信号。

k） 主体变应装设瓦斯、压力释放等非电量保护。

4.6.3 调压变和补偿变保护配置：

a） 调压变和补偿变应单独配置双重化保护，调压变和补偿变不配置差动速断和后备保护。

b） 调压变和补偿变第一套电气量保护和非电量保护组一面屏，第二套电气量保护单独组屏。

c） 调压变和补偿变应装设瓦斯、压力释放等非电量保护。

4.7 高抗保护配置

4.7.1 1000kV 高抗配置双重化的主、后一体化电气量保护和单套非电量保护。

4.7.2 1000kV 高抗第一套电气量保护和非电量保护组一面屏，第二套电气量保护单独组屏。

4.7.3 1000kV 高抗主保护为差动保护、匝间保护。

4.7.4 1000kV 高抗后备保护为过电流保护、零序过电流保护、过负荷保护。

4.7.5 1000kV 线路高抗的中性点电抗器配置过电流和过负荷保护。

4.7.6 1000kV 高抗的非电量保护包括主电抗器和中性点电抗器。

4.7.7 1000kV 线路高抗在无专用断路器时，高抗保护动作除跳开本侧线路断路器外，还应通过线路保护的远传回路跳线路对侧的断路器。

4.8 故障录波器配置

4.8.1 故障录波器的配置除满足本期工程需要外，应适度考虑工程发展需求。

4.8.2 线线串两条线配置一台录波器，高压电抗器的交流量应与对应的线路交流量接在同一台故障录波器中。

4.8.3 每台变压器（含主体变和调压补偿变）配置一台录波器。

4.8.4 各保护小室所有特高压开关电流量及两条母线的电压量配置一台录波器。

5 保护整定原则

5.1 整定基本原则

5.1.1 电网继电保护整定范围一般与调度管辖范围相一致，并遵循“局部电网服从整个电网；下一级电网服从上一级电网；局部问题自行处理和尽量照顾局部电网和下级电网需要”的整定配合原则。

5.1.2 交流特高压继电保护整定应本着强化主保护，简化后备保护的原则，合理配置线路及元件的主、 后备保护，保护整定可以进行适当简化。在两套主保护拒动时，后备保护应能可靠动作切除故障，允许部分失去选择性。

5.1.3 电网继电保护的整定应满足速动性、选择性和灵敏性要求，如果由于电网运行方式、装置性能等原因，不能兼顾速动性、选择性或灵敏性要求时，应在整定时合理地进行取舍。

5.1.4 对不同原理的保护之间的整定配合，原则上应满足动作时间上的逐级配合。在不能兼顾速动性、选择性或灵敏性要求时，可以采用时间配合保护范围不配合的不完全配合方式。

5.1.5 特高压主变、高抗的非电量保护，110kV 及以下继电保护由设备所在运维单位整定，并报上级调度部门备案。

5.2 线路保护整定

5.2.1 轮断原则：在各种设定的运行方式下，进行分支系数求解及整定值校核时，会对线路两侧厂站的线路和变压器进行轮断，轮断个数的推荐原则为：基本上按 *N*–1 原则轮断，考虑到电网运行方式的变化，9 个及以上元件轮断 2～3 个。同塔并架线路需考虑两回线同时停方式。

5.2.2 纵联电流差动保护两侧的一次动作电流定值必须一致，差动电流动作值按躲过被保护线路稳态最大充电电容电流整定，不考虑高压并联电抗器停运的情况。零序差动保护在高阻接地故障时应有足够灵敏度，灵敏系数不小于 1.3。

5.2.3 CT 断线不闭锁线路电流差动保护，CT 断线后线路电流差动定值应躲线路正常运行负荷电流。

5.2.4 分相电流差动保护应投电容电流补偿功能。

5.2.5 线路保护整定采用近后备原则。条件许可时，应采用远近结合的方式，对远后备的灵敏系数不作要求。

5.2.6 距离保护：

a） 接地和相间距离保护按金属性故障来校验灵敏度。在符合逐级配合原则的前提下，尽可能提高距离保护的灵敏度。

b） 距离保护的配合是指阻抗灵敏角方向的配合。

c） 特高压同塔双回线间具有较大零序互感，由于在不同的运行工况下，双回线间零序互感影响的不确定性，接地距离保护的测量误差较大，零序补偿系数的取值应符合 Q/GDW 422—2010 中 6.2.8 的规定。

d） 距离Ⅰ段

1） 相间距离Ⅰ段定值按不大于 80%被保护线路正序阻抗整定。

2） 接地距离Ⅰ段定值按不大于 70%被保护线路正序阻抗整定。

3） 突变量距离或快速距离保护按不大于接地距离Ⅰ段定值整定。

e） 距离Ⅱ段

1） 相间、接地距离Ⅱ段动作起始时间为 0.5s，级差为 0.3s，最长动作时间不宜大于 1.7s。

2） 距离Ⅱ段定值，按本线路末端发生金属性短路故障有足够灵敏度整定，并与相邻线路距离 Ⅰ段或纵联保护配合；若无法配合时，可与相邻线路距离Ⅱ段配合。

3） 若 1000kV 线路距离Ⅱ段定值伸出对侧主变 500kV 母线，则对相应的 500kV 系统定值需下整定限额；若 500kV 线路距离Ⅱ段定值伸出对侧主变 1000kV 母线，则距离Ⅱ段可与 1000kV 线路的纵联保护配合。

f） 距离Ⅲ段

1） 相间、接地距离Ⅲ段应可靠躲过本线最大事故过负荷时对应的最小负荷阻抗和系统振荡周期，系统振荡周期由运行方式专业提供。相间、接地距离Ⅲ段时间一般取 2.0s 及以上，级差为 0.3s。

2） 后备保护一般考虑近后备原则，距离Ⅲ段定值要求对线路末端金属性短路故障有足够灵敏度。条件许可时，可采用远近结合的方式，对远后备的灵敏系数不作要求。

3） 距离Ⅲ段按与相邻线距离Ⅱ段配合，若与相邻线距离Ⅱ段配合有困难，则与相邻线距离Ⅲ段配合；若与相邻线距离Ⅲ段无法配合，可采取不完全配合方式。

g） 负荷限制电阻值应可靠躲 N–1 故障后单回线的稳态运行电流。符合 Q/GDW 1161—2014 标准的线路距离保护增加了自动应对过负荷的措施，能够准确区分负荷与故障，其负荷限制电阻 R_{DZ} 定值宜按考虑距离保护的抗过渡电阻能力整定，推荐一次值不超过 65Ω。

5.2.7 零序电流保护需保证 1000kV 线路经 600Ω 高阻接地时可靠切除故障。反时限零序电流保护按反时限曲线整定，全网 1000kV 线路的反时限零流取统一的标准反时限曲线簇以做到自然配合。（例如：时间常数为 0.4，启动值不大于 400A，最小动作时间如果与反时限零流固有时间是“串联”逻辑应整定不小于 0.5s；如果是“并联”逻辑则配合时间应不小于 1.0s，最小时间取 0.15s）。

5.2.8 因原理不同的保护装置上下级难以整定配合，若两套主保护同时拒动，后备保护宜保灵敏度为主。

5.2.9 振荡闭锁过流按躲线路正常运行时最大负荷电流整定，一次值一般取线路最大负荷电流的 1.3 倍。线路最大负荷电流由系统运行专业提供。

5.2.10 1000kV 线路过电压保护电压及时间定值以工程管理单位提供的设备能力及定值要求为整定依据。

5.3 断路器保护整定

5.3.1 断路器失灵保护对于线路仅考虑线路两侧一台断路器单相拒动，对于主变仅考虑主变高、中压侧一台断路器单相拒动或低压侧一台断路器三相拒动。

5.3.2 断路器失灵保护延时跳相邻断路器及发远跳的时间整定按躲本断路器可靠跳闸时间和保护返回时间之和，再考虑一定的时间裕度，取 0.2s。线路和变压器断路器失灵保护的负序和零序电流判据公用。

a） 单跳开入断路器失灵相电流仅进行有流、无流判别，无需整定；三跳开入断路器失灵相电流的整定按保变压器中压侧和低压侧短路最小短路电流有灵敏度整定，并尽量躲过变压器额定负荷电流。

b） 断路器失灵保护零序电流定值按躲过最大零序不平衡电流且保护范围末端故障有足够灵敏度整定，灵敏系数大于 1.3。

c） 断路器失灵保护负序电流定值按躲过最大不平衡负序电流且保护范围末端故障有足够灵敏度整定，灵敏系数大于 1.3。

d） 断路器充电过流保护正常情况下停用，仅作为临时保护投入。电流定值应保证保护范围末端故障有足够灵敏度，灵敏系数大于 1.3。

1） 线路断路器过流保护投Ⅰ段和Ⅱ段。过流Ⅰ段和Ⅱ段电流定值应保证保护范围末端故障有足够灵敏度并可靠躲线路充电电流，灵敏系数不小于 1.5，过流Ⅰ段时间为 0s～0.01s，过流Ⅱ段时间为 0.3s。

2） 主变断路器过流保护投Ⅰ段和Ⅱ段。过流Ⅰ段定值按断路器高，中压侧主变套管及引线故障有灵敏度整定，灵敏系数不小于 1.5，时间取 0.01s～0.2s；过流Ⅱ段应保证在本变压器低压侧故障时有足够灵敏度，灵敏系数不小于 1.5，时间取 0.3s～1.5s。

5.3.3 断路器三相不一致保护与线路相关的断路器，三相不一致保护动作时间按可靠躲单相重合闸时间整定，统一取 2.5s。只与发变组相关的断路器三相不一致保护时间可整定为 0.5s。

5.3.4 线路重合闸时间的整定应满足相应电网安全稳定要求并充分考虑断路器本身和潜供电流的影响，由系统运行专业提供。

5.3.5 相邻两个断路器重合闸采取时间上的配合以满足重合闸的先后合闸顺序。

5.4 短引线保护整定

短引线差动保护电流定值按系统小方式下母线金属性断路不小于 2 倍灵敏度整定。

5.5 母线保护整定

5.5.1 母线保护差电流起动元件应保证最小方式下母线故障有足够灵敏度，灵敏系数不小于 1.5。

5.5.2 母线保护差电流起动元件按可靠躲过区外故障最大不平衡电流和尽可能躲任一元件电流回路断线时由于最大负荷电流引起的差电流整定。

5.5.3 CT 断线应可靠闭锁母差。一般 CT 断线低告警定值整定为 5%I_N（I_N 为 CT 二次额定电流）；闭锁电流定值整定为 8%I_N。

5.6 变压器保护整定

5.6.1 主体变保护整定

a） 变压器差动保护按变压器内部故障能快速切除，区外故障可靠不误动的原则整定。一般取（0.2～0.6）I_e（I_e为基准侧额定电流）。

b） 阻抗后备保护采用带偏移特性的阻抗保护，指向变压器的阻抗不伸出对侧母线，可靠系数宜取 70%；指向母线侧的定值按保证母线金属性故障有足够灵敏度整定。1000kV 侧按指向变压器侧阻抗的 10%整定；500kV 侧按指向变压器侧阻抗的 20%整定。阻抗后备保护作为变压器背后母线的后备保护，当与本侧出线配合困难时，允许部分失去选择性。时间定值应躲系统振荡周期并满足 GB 1094.5—2008 中主变短路耐热能力电流的持续时间要求，跳本侧断路器的时间不宜大于 2s。

c） 变压器高、中压侧零序Ⅱ段电流保护按本侧母线经 100Ω高阻接地故障有灵敏度整定，时间定值与本侧出线反时限方向零序电流保护配合。同一变电站两台及以上变压器并列运行的零序Ⅱ段电流保护动作时间宜按不同时限整定，时间级差取 0.3s。

d） 变压器低压侧分支三相过流保护为变压器低压分支后备保护，整定值按可靠躲低压分支额定电流整定，按变压器低压侧相间故障有灵敏度校核；动作时间分两时限，一时限跳主变低压相应分支断路器，二时限跳主变三侧。

e） 变压器低压侧套管三相过流保护为变压器低压侧后备保护，整定值按可靠躲低压侧额定电流整定，按变压器低压侧相间故障有灵敏度校核；动作时间分两时限，一时限跳主变低压分支所有断路器，二时限跳主变三侧。

f） 过激磁保护告警定值取 1.06 倍过激磁倍数；1.1 倍过激磁倍数启动反时限跳闸曲线，跳闸时间和主变厂家的过激磁能力曲线相配合。电压基准值取相应主变的高压侧额定电压。

5.6.2 调压补偿变整定

a） 调压变灵敏差动和补偿变差动按各变压器内部故障能快速切除，区外故障可靠不误动的原则整定。调压变和补偿变差动保护启动电流一般为 $0.5I_e$（I_e为折算成最大容量时每档的额定电流）。补偿变差动保护所有档位定值均按照最大档整定。调压变差动保护每档定值按照最大容量整定，每个运行档位均有对应的一组定值区。

b） 有载调压变不灵敏差动仅取调压绕组中间分接头位置对应档位的额定电流、电压（如对于有 21 档的调压变，取第 5 或 17 档）。按 1.2 倍调压变额定电流整定。

5.6.3 CT 断线闭锁主体变除差动速断之外的所有差动保护。CT 断线后，差动电流达到 $1.2I_e$ 时差动保护自动解锁开放跳闸出口。

5.6.4 调压补偿变 CT 断线闭锁调补变差动保护。CT 断线后，差动电流达到 $1.2I_e$ 时差动保护自动解锁开放跳闸出口。

5.7 高抗保护整定

5.7.1 差动保护最小动作电流定值，应按可靠躲过电抗器额定负载时的最大不平衡电流整定。在工程实用整定计算中可选取 I_{opmin}=0.2～$0.5I_e$，并应实测差回路中的不平衡电流，必要时可适当放大。

5.7.2 差动速断保护定值应可靠躲过线路非同期合闸产生的最大不平衡电流，一般可取 3～6 倍电抗器额定电流。

5.7.3 主电抗过流保护应躲过在暂态过程中电抗器可能产生的过电流，其电流定值可按电抗器额定电流的 1.4 倍整定，延时 1.5s～3s。

5.7.4 主电抗零序过电流保护按躲过空载投入的零序励磁涌流和非全相运行时的零序电流整定，其电流定值可按电抗器额定电流的 1.35 倍整定，其时限一般与线路接地保护的后备段相配合，一般为 2s。

5.7.5 主电抗过负荷保护应躲过主电抗器额定电流，其电流定值可按主电抗器额定电流的 1.1 倍整定，延时 5s。

5.7.6 中性点小电抗过电流保护的定值一般按中性点小电抗的持续运行额定电流的 5 倍整定，延时时间应可靠躲过线路非全相运行时间和电抗器空载投入的励磁涌流衰减时间，一般为 5s～10s。

5.7.7 中性点小电抗过负荷保护的定值一般按中性点小电抗的持续运行额定电流的 1.2 倍整定，延时时间应可靠躲过线路非全相运行时间和电抗器空载投入的励磁涌流衰减时间，一般为 5s～10s。

5.7.8 CT 断线应闭锁高抗差动保护，CT 断线后，差动电流大于 1.2 倍电抗器额定电流时差动应出口跳闸。

5.8 故障录波器的整定

5.8.1 线路相电流按可靠躲最大负荷电流整定；变压器各侧相电流按可靠躲变压器额定电流整定。

5.8.2　负序和零序分量启动元件按躲最大运行工况下的不平衡分量整定。

5.8.3　突变量启动元件按最小运行方式下保护范围末端金属性故障有足够灵敏度整定，灵敏系数不小于4。

5.8.4　频率高于 50.3Hz 或低于 49.7Hz 启动录波。

5.8.5　保护装置与通道设备的输入/输出关系、分相和三相跳闸、启动失灵、启动重合闸、合闸、远方跳闸、开关位置等均应按事件量接入故障录波器。

1000kV 继电保护配置及整定导则

编　制　说　明

目　次

1　编制背景……………………………………………………………………………………… 35
2　编制主要原则………………………………………………………………………………… 35
3　与其他标准文件的关系……………………………………………………………………… 35
4　主要工作过程………………………………………………………………………………… 36
5　标准结构和内容……………………………………………………………………………… 36
6　条文说明……………………………………………………………………………………… 37

1　编制背景

本标准根据《国家电网公司关于下达 2014 年度公司技术标准制修订计划的通知》国家电网科〔2014〕64 号的安排制定。

2011 年，特高压交流试验示范工程扩建工程成功建成投运，成为世界电力发展史上新的里程碑。按照国家电网公司规划，2017 年建成“三纵三横”特高压同步电网。我国的 1000kV 交流特高压电网是世界上目前在运的最高电压等级电网，但国家电网公司尚无 1000kV 继电保护运行整定标准/规范。电力系统继电保护是电网安全运行的“第一道防线”，1000kV 交流特高压在线路分布电容、故障暂态特性、过电压等方面与 750kV、500kV 电网有很大不同，对继电保护的运行整定也提出了更高的要求，目前已有的标准不能够适应 1000kV 交流特高压发展的需要。

为贯彻国家电网公司建设以特高压电网为骨干网架、各级电网协调发展的坚强国家电网战略目标，适应后续交流特高压电网建设需要，全面推广应用国家电网公司标准化建设成果，推进 1000kV 交流特高压继电保护各项技术研究和标准的规范化建设，国家电力调度通信中心向公司提出制定国家电网公司 1000kV 继电保护运行整定标准/规范。

2　编制主要原则

本标准根据以下原则编制：

1）　本标准在系统研究和总结 1000kV 交流特高压继电保护装置应用和定值整定经验的基础上，开展编制工作。

2）　本标准依据 GB/T 14285—2006《继电保护和安全自动装置技术规程》、Q/GDW 422—2010《国家电网继电保护整定计算技术规范》、Q/GDW 325—2009《1000kV 变压器保护装置技术要求》、Q/GDW 326—2009《1000kV 电抗器保护装置技术要求》、Q/GDW 327—2009《1000kV 线路保护装置技术要求》、Q/GDW 328—2009《1000kV 母线保护装置技术要求》、Q/GDW 329—2009《1000kV 断路器保护装置技术要求》等的有关要求，进一步细化，并充分总结 1000kV 继电保护装置在特高压变电站中的设计、经验和运行成果。

本标准项目计划名称为“1000kV 继电保护运行整定导则”，因标准中没有涉及运行方面的内容，主要从 1000kV 继电保护配置和整定方面提出相关技术要求，因此经专家讨论决定更名为“1000kV 继电保护配置及整定导则”。

3　与其他标准文件的关系

本标准符合国家现行的法律、法规和政策，以及现行的国家标准、行业标准、国家电网公司有关技术标准、国际标准和国外先进标准的技术方向。

本标准在继电保护基本配置原则方面与国家标准 GB/T 14285—2006《继电保护和安全自动装置技术规程》一致，但在 1000kV 变压器保护配置方面进行了细化。

本标准在继电保护基本整定原则方面与电力行业标准 DL/T 559—2007《220kV～750kV 电网继电保护装置运行整定规程》一致，但在 1000kV 变压器保护、线路保护、母线保护、断路器保护等整定方面进行了细化。

本标准不涉及专利、软件著作权等知识产权使用问题。

本标准制定中的主要参考文件：本标准主要引用了 GB/T 14285—2006《继电保护和安全自动装置技术规程》、GB/Z 25841—2010《1000kV 电力系统继电保护技术导则》、Q/GDW 325—2009《1000kV 变压器保护装置技术要求》、Q/GDW 326—2009 《1000kV 电抗器保护装置技术要求》、Q/GDW 327—2009《1000kV 线路保护装置技术要求》、Q/GDW 328—2009《1000kV 母线保护装置技术要求》、Q/GDW 329—2009《1000kV 断路器保护装置技术要求》等的相关规定。

4　主要工作过程

1）2014 年 2 月 17 日至 18 日，承担该标准编制任务的中国电科院在上海召开标准讨论编制会，华东分中心相关继电保护专业人员参加会议。根据国调中心长南晋工程以及华东分中心淮沪特高压工程的运用实践，会议讨论了编制大纲及时间节点，6 月初完成了《1000kV 继电保护运行整定导则》初稿的编制。

2）2014 年 6 月 27 日，中国电科院在北京组织召开了《1000kV 继电保护运行整定导则》初稿讨论会，国调中心、华东分中心等相关继电保护专业人员参加会议，会议明确了标准的编写内容。会后编写组按照修改意见，修改完善形成征求意见稿。

3）2014 年 10 月 9 日至 10 日，中国电科院在上海组织召开了《1000kV 继电保护运行整定导则》征求意见稿讨论会，华东分中心、河北省调、上海市调、浙江省调、安徽省调、福建省调、中国电科院及国网继电保护专家参加会议。会后编写组根据专家意见进行修改形成送审稿。

4）2015 年 4 月 28 日至 29 日，中国电科院在北京组织召开了“1000kV 继电保护运行整定导则”评审会议，对送审稿进行了评审，提出了专家评审意见，并确定标准名称为《1000kV 继电保护配置及整定导则》。国调中心、华东分中心、华北分中心、华中分中心、天津市调、山西省调、浙江省调、福建省调、中国电科院继电保护专业人员以及国网继保专家参加会议。

5）2015 年 5 月 6 日，根据专家评审意见进行修改完善，形成《1000kV 继电保护配置及整定导则》 报批稿。

5　标准结构和内容

本标准按照《国家电网公司技术标准管理办法》（国家电网企管〔2014〕455 号文）的要求编写。

本标准的主要结构和内容如下：

本标准主题章分为 3 章，主要由总则、保护配置要求和保护整定要求组成。本标准根据现有 1000kV 继电保护配置及整定的实际经验，本着先进性、实用性和可操作性等原则，给出了 1000kV 继电保护配置和整定的基本原则，以及电流互感器选型、组屏、保护通道、时间定值和灵敏度的要求，最后提出了故障录波器的配置及整定要求。标准中所列出的保护配置和整定要求，是在总结现有工程经验的基础上，提出的更高要求，该标准的制定将为公司后续交流特高压继电保护工作提供标准依据。

6　条文说明

（1）本标准第 3 章“总则”保护双重化配置部分，参照 Q/GDW 1161—2014 的 3.3 条中有关保护双重化配置的原则：“保护装置的双重化以及与保护配合回路（包括通道）的双重化，双重化配置的保护装置及其回路之间应完全独立，无直接的电气联系”。本标准在条款 3 中增加了“双重化配置的两套保护应采用不同厂家产品”的规定。本标准对交流特高压继电保护用互感器选型和布置做出了明确要求。

（2）GB/T 14285—2006 的 4.1.10 条中对保护装置接入的零序电压做出了规定。本标准第 4 章“4.2　线路保护配置”条，参照 GB/T 14285—2006 的 4.1.10 条也做出了相应规定。

（3）Q/GDW 1161—2014 的 10.1.2 条中指出：“线路纵联保护优先采用光纤通道”。参照该条，本标准第 4 章“4.2.6　线路保护配置”对线路保护通信通道做出具体规定。

（4）Q/GDW 1161—2014 的 5.1.1.3 条中指出：“配置双重化的短引线保护，每套保护应包含差动保护和过流保护”。参照该条款，并结合特高压工程实际经验，本标准第 4 章“4.4.2　短引线保护配置”对短引线保护配置做出具体规定。

（5）GB/T 14285—2006 的 4.3 条中对变压器保护配置做出了规定，DL/T 684—2012 的第 5 章中对变压器保护整定做出了规定，但是以上两个标准缺乏针对 1000kV 变压器的保护配置及整定技术要求。参照以上标准条款，并结合特高压工程实际经验，本标准第 5 章“4.6　变压器保护配置”和第 5 章“5.6　变压器保护整定”对 1000kV 变压器保护配置和整定做出具体规定。

第3篇

设备规范

中华人民共和国电力行业标准

1000kV 母线保护装置技术要求

Specification For 1000kV Busbar Protection Equipment

DL/T 1276—2013

目　次

前言 …… 43
1　范围 …… 44
2　引用标准 …… 44
3　技术要求 …… 45
4　试验方法 …… 50
5　检验规则 …… 52
6　标志、包装、运输、储存 …… 54
7　其他 …… 54

前　　言

本标准按照 GB/T 1.1—2009《标准化工作导则　第 1 部分：标准的结构和编写》的要求编写。

本标准由中国电力企业联合会提出。

本标准由特高压交流输电标准化工作委员会归口并负责解释。

本标准起草单位：国家电网公司、南京南瑞继保电气有限公司、国网电力科学研究院、中国电力科学研究院、北京四方继保自动化股份有限公司、国电南自电气有限公司、许继电气股份有限公司、国网山西省电力公司调度通信中心。

本标准主要起草人：舒治淮、李力、吕航、刘洪涛、李栋、沈晓凡、宋小舟、唐治国、李瑞生、田俊杰。

本标准在执行过程中的意见或建议反馈至中国电力企业联合会标准化管理中心（北京市白广路二条一号，100761）。

1000kV 母线保护装置技术要求

1 范围

本标准规定了微机特高压母线继电保护装置的基本技术要求、试验方法、检验规则及对标志、包装、运输、储存的要求。

本标准适用于 1000kV、主接线为 3/2 接线的微机型母线继电保护装置（简称为装置），作为该类装置设计、制造、检验和应用的依据。

2 引用标准

下列文件对于本文件的应用是必不可少的。凡是注日期的引用文件，仅注日期的版本适用于本文件。凡是不注日期的引用文件，其最新版本（包括所有的修改单）适用于本文件。

GB/T 191—2008 包装储运图示标志

GB/T 2423.1—2008 电工电子产品环境试验 第 2 部分：试验方法 试验 A：低温（IEC 60068-2-1：2007，IDT）

GB/T 2423.2—2008 电工电子产品环境试验 第 2 部分：试验方法 试验 B：高温（IEC 60068-2-2：2007，IDT）

GB/T 2423.3—2006 电工电子产品环境试验 第 2 部分：试验方法 试验 Cab：恒定湿热试验（IEC 60068-2-78：2001，IDT）

GB/T 2887—2011 电子计算机场地通用规范

GB/T 7261—2000 继电器及继电保护装置基本试验方法

GB/T 9361—2011 计算机场地安全要求

GB/T 11287—2000 电气继电器 第 21 部分：量度继电器和保护装置的振动、冲击、碰撞和地震试验 第 1 篇 振动试验（正弦）（IDT IEC60255-21-1：1988）

GB/T 14537—1993 量度继电器和保护装置的冲击和碰撞试验（IDT IEC 60255-21-2：1988）

GB/T 14598.9—2010 量度继电器和保护装置 第 22-3 部分：电气骚扰试验 辐射电磁场抗扰度（IEC 60255-22-3：2007，IDT）

GB/T 14598.10—2007 电气继电器 第 22-4 部分：量度继电器和保护装置的电气骚扰试验—电快速瞬变/脉冲群抗扰度试验（IEC 60255-22-4：2002，IDT）

GB/T 14598.13—2008 量度继电器和保护装置的电气骚扰试验 第 1 部分：1MHz 脉冲群抗扰度试验（IEC 60255-22-1：2007，MOD）

GB/T 14598.14—2010 量度继电器和保护装置 第 22-2 部分：电气骚扰试验 静电放电试验（IEC 60255-22-2：2008，IDT）

GB 14598.27—2008 量度继电器和保护装置 第 27 部分：产品安全要求（IEC 60255-27：2005，MOD）

GB/T 19520.12—2009 电子设备机械结构 482.6mm（19in）系列机械结构尺寸 第3-101 部分：插箱及其插件（IEC 60297-3-101：2004，IDT）

DL/T 667—1999 远动设备及系统 第 5 部分：传输规约 第 103 篇 继电保护设备信息接口配套标准（IDT IEC60870-5-103：1997）

DL/T 670—2010 母线保护装置通用技术条件

3 技术要求

3.1 环境条件

3.1.1 正常工作大气条件。

a） 环境温度：–10℃～55℃；

b） 相对湿度：5%～95%（产品内部，既不应凝露，也不应结冰）；

c） 大气压力：86kPa～106kPa、70kPa～106kPa。

3.1.2 试验的标准大气条件。

a） 环境温度：15℃～35℃；

b） 相对湿度：45%～75%；

c） 大气压力：86kPa～106kPa。

3.1.3 仲裁试验的标准大气条件。

a） 环境温度：20℃±2℃；

b） 相对湿度：45%～75%；

c） 大气压力：86kPa～106kPa。

3.1.4 储存、运输极限环境温度。装置的储存、运输允许的环境温度为–25℃～70℃，相对湿度不大于 85%，在不施加任何激励量的条件下，不出现不可逆变化。温度恢复后，装置性能符合 3.4、3.5、3.7 条的规定。

3.1.5 周围环境。装置的使用地点应无爆炸危险、无腐蚀性气体及导电尘埃、无严重霉菌、无剧烈振动源；不存在超过 3.9 条规定的电气干扰；有防御雨、雪、风、沙、尘埃及防静电措施；场地应符合 GB 9361—2011 中 B 类安全要求，接地电阻应符合 GB/T 2887—2011 中 4.4 条的规定。

3.1.6 特殊环境条件。当超出 3.1.1～3.1.5 条规定的环境条件时，由用户与制造厂商定。

3.2 额定电气参数

3.2.1 直流电源。

a） 额定电压：220V、110V；

b） 允许偏差：–20%～15%；

c） 纹波系数：不大于 5%。

3.2.2 交流回路。

a） 交流电流：1A；

b） 交流电压：100V、100/$\sqrt{3}$ V；

c） 频率：50Hz。

3.3 功率消耗

a） 交流电流回路：每相不大于 0.5VA；

b） 交流电压回路：当额定电压时　每相不大于 0.5VA；

c） 直流电源回路：当正常工作时　不大于 60W；

当装置动作时　不大于 100W。

3.4　整套装置的主要功能

3.4.1　装置应具有独立性、完整性、成套性，应含有母线必需的能反映各种故障的保护功能。

3.4.2　保护装置应具有在线自动检测功能，包括保护装置硬件损坏、功能失效、二次回路异常运行状态的自动检测。装置任一元件损坏后，自动检测回路应能发出告警或装置异常信号，并给出有关信息指明损坏元件的所在位置，至少应能将故障定位至模块（插件）。保护装置任一元件（出口继电器除外）损坏时，装置不应误动作。

3.4.3　装置应具有独立的启动元件，只有在电力系统发生扰动时，才允许开放出口跳闸回路。

3.4.4　保护装置必须具有故障记录功能，以记录保护的动作过程，为分析保护的动作行为提供详细、全面的数据信息。并且能以 COMTRADE 数据格式输出上传至保护和故障信息管理子站。应能至少记录 32 次故障记录，所有故障记录按时序循环覆盖；应能保存最新的 2 次跳闸报告。保护装置应保证发生故障时不丢失故障记录信息，在装置直流电源消失时不丢失已经记录的信息，记录不可人为清除；应能记录故障时的输入模拟量和开关量、输出开关量、动作元件、动作时间、相别。

3.4.5　保护装置的动作信号在直流电源消失后应能自保持，只有当运行人员复归后，信号触点才能返回，人工复归应能在装置外部实现。

3.4.6　保护装置的定值应满足保护功能的要求，应尽可能做到简单、易理解、易整定；定值需改变时，应设置不少于 4 套可切换的定值。电流定值可整定范围应在 $0.05I_n$～$15I_n$，其他定值整定的范围应满足工程需要。

3.4.7　保护装置应按时间顺序记录正常操作信息，如开关变位、开入量变位、连接片切换、定值修改、定值切换等。在装置直流电源消失时不丢失已经记录的信息；所有故障记录按时序循环覆盖；记录不可人为清除。

3.4.8　保护装置的故障报告应包含动作元件、动作时间、动作相别、开关变位、自检信息、定值、连接片、故障录波数据等。

3.4.9　保护装置应能提供三个与监控系统和故障信息系统相连的通信接口（以太网或 RS–485）、一个打印接口。通信接口的通信数据格式应符合 DL/T 667—1999 标准规约。

3.4.10　保护装置宜具有调试用的通信接口，并提供相应的辅助调试软件。

3.4.11　保护装置应具有硬件时钟电路，装置在失去直流电源时，硬件时钟应能正常工作。保护装置应具有与外部标准授时源的 IRIG–B 对时接口。

3.4.12　保护装置的直流工作电源，应保证在外部电源为 80%～115%额定电压、纹波系数不大于 5%的条件下可靠工作。拉、合装置直流电源或直流电压缓慢下降及上升时，装置不应误动。直流电源消失时，应有输出触点以启动告警信号。直流电源恢复时，装置应能自动恢复工作。

3.4.13　保护装置应有足够的跳闸触点，除应满足跳开相应的断路器及启动失灵保护的要求外，还应提供一定数量的备用跳闸出口触点，供安全稳定装置等使用。保护装置的跳闸触点应保证断路器可靠动作切除故障，故障消失后跳闸触点的返回时间应不大于 30ms。

3.5　各种保护功能的主要技术性能

保护模块的配置与被保护的设备有关，但所选择的单个保护应能达到下面的性能指标。本标准未规定的指标由下级标准规定。

3.5.1　母线保护：

a）应采用 TPY 型电流互感器。

b）应能在母线区内发生各种故障时正确动作，发生区内金属性故障的动作时间应小于 15ms，动作时间不应受系统故障谐波及长线路分布电容的影响。

c）母线发生经小于 100Ω高过渡电阻单相接地故障时，保护应能切除故障。

d）在由分布电容、并联电抗器、变压器（励磁涌流）、高压直流输电设备和串联补偿电容等所产生的稳态和暂态的谐波分量和直流分量的影响下，保护装置不应误动作或拒动。保护装置应有专门的滤波措施，以避免特高压系统产生的谐波和直流分量对保护装置的影响。

e）在各种类型区外故障时，不应发生误动作。

f）应能正确切除由区外转区内的故障。

g）母线差动保护不应受电流互感器暂态饱和（饱和时间大于 5ms）的影响而发生不正确动作。

h）应具有 TA 断线判别功能，发生 TA 断线后应发告警信号并可选择是否闭锁母差。

i）母线区内故障流出电流小于 30%时，保护不应因有电流流出的影响而拒动。

j）保护装置应能通过软件补偿适用于电流互感器变比不一致的情况。

k）各小室距离较远时可优先考虑分布式母线保护装置。

3.5.2　分布式母线保护：

a）可采用主从结构的配置也可采用无主从结构的对等配置。

b）任一分布单元的通信中断不应造成整个通信网络的中断。

c）任何通信故障不应造成保护装置误动，并能发出报警信号。

d）各分布单元之间的通信应采用光纤通信。

e）各分布单元采样同步的电角度误差应小于 0.1°。

3.5.3　断路器失灵联跳：

a）边断路器失灵判别设置在断路器保护中。

b）断路器失灵联跳其他断路器出口应与母线保护共用出口。

c）应设置灵敏的、不需整定的失灵开放电流元件并带 50ms 的固定延时，防止由于失灵开入异常等原因造成失灵联跳误动。

3.5.4　测量元件特性的准确度。

a）整定误差：不超过±2.5%。

b）温度变差：在正常工作环境温度范围内，相对于 20℃±2℃时，不超过±2.5%。

3.5.5　装置自身时钟精度。装置时钟精度：24h 不超过±2s；经过时钟同步后相对误差不大于±1ms。

3.6　过载能力

a）交流电流回路：2 倍额定电流　　　连续工作；

10 倍额定电流 允许 10s；
40 倍额定电流 允许 1s；
250 倍额定电流 允许 10ms。
b） 交流电压回路：1.2 倍额定电压 连续工作；
1.4 倍额定电压 允许 10s。

装置经受电流电压过载后，应无绝缘损坏，并符合 3.7、3.8 条的规定。

3.7 绝缘性能

3.7.1 绝缘电阻。在试验的标准大气条件下，装置的外引带电回路部分和外露非带电金属部分及外壳之间，以及电气上无联系的各回路之间，用 500V 的直流绝缘电阻表测量其绝缘电阻值，应不小于 20MΩ。

3.7.2 介质强度：

a） 在试验的标准大气条件下，装置应能承受频率为 50Hz，历时 1min 的工频耐压试验而无击穿闪络及元器件损坏现象；
b） 工频试验电压值按表 1 选择。也可以采用直流试验电压，其值应为规定的工频试验电压值的 1.4 倍；

表 1 工频试验电压 单位：V

被试回路	额定绝缘电压	试验电压
整机引出端子和背板线—地	＞60～250	2000
直流输入回路—地	＞60～250	2000
交流输入回路—地	＞60～250	2000
信号输出触点—地	＞60～250	2000
无电气联系的各回路之间	＞60～250	2000
整机带电部分—地	≤60	500

c） 试验过程中，任一被试回路施加电压时其余回路等电位互联接地。

3.7.3 冲击电压。在试验的标准大气条件下，装置的直流输入回路、交流输入回路、信号输出触点等诸回路对地，以及回路之间，应能承受 1.2/50μs 的标准雷电波的短时冲击电压试验。当额定绝缘电压大于 60V 时，开路试验电压为 5kV；当额定绝缘电压不大于 60V 时，开路试验电压为 1kV。试验后，装置的性能应符合 3.4、3.5 条的规定。

3.8 耐湿热性能

根据试验条件和使用环境，在以下两种方法中选择其中一种。

3.8.1 恒定湿热。装置应能承受 GB/T 2423.3—2006 规定的恒定湿热试验。试验温度为 40℃±2℃，相对湿度为 93%±3%，试验持续时间 48h。在试验结束前 2h 内，用 500V 直流绝缘电阻表，测量各外引带电回路部分对外露非带电金属部分及外壳之间，以及电气上无联系的各回路之间的绝缘电阻值应不小于 1.5MΩ；介质强度不低于 3.7.2 规定的介质强度试验电压值的 75%。

3.8.2 交变湿热。装置应能承受 GB/T 7261—2000 第 21 章规定的交变湿热试验。试验温度为 40℃±2℃，相对湿度为 93%±3%，试验时间为 48h，每一周期历时 24h。在试验结束前 2h 内，用 500V 直流绝缘电阻表，测量各外引带电回路部分对外露非带电金属部分及外壳之间，以及电气上无联系的各回路之间的绝缘电阻应不小于 1.5MΩ；介质强度不低于 3.7.2 条规定的介质强度试验电压值的 75%。

3.9 抗电气干扰性能

3.9.1 辐射电磁场干扰。装置应能承受 GB/T 14598.9—2010 中 4.1.1 条规定的严酷等级为Ⅲ级（试验条件：试验场强 10V/m，频率 80MHz～1GHz）的辐射电磁场干扰试验，试验期间及试验后，装置性能应符合该标准 4.5 条的规定。

3.9.2 快速瞬变干扰。装置应能承受 GB/T 14598.10—2007 中 4.1 条规定的严酷等级为Ⅳ级（试验条件：试验电压±4kV，干扰信号重复频率 2.5kHz）的快速瞬变干扰试验，试验期间及试验后，装置性能应符合该标准 4.6 条的规定。

3.9.3 脉冲群干扰。装置应能承受 GB/T 14598.13—2008 中 3.1.1 条规定的严酷等级为Ⅲ级的 1MHz 和 100kHz 脉冲群干扰试验（试验条件：试验电压共模 2.5kV；差模 1kV），试验期间及试验后，装置性能应符合该标准 3.4 条的规定。

3.9.4 静电放电干扰。装置应能承受 GB/T 14598.14—2010 中 4.2 条规定的严酷等级为Ⅳ级（试验条件：接触放电±8kV，空气放电±15kV，湿度 10%）的静电放电干扰试验，试验期间及试验后，装置性能应符合该标准 4.6 条的规定。

3.9.5 浪涌（冲击）抗扰度。装置应能承受 GB/T 17626.5—2008 中 4.1.1 条规定的严酷等级为Ⅲ级（试验条件：试验电平共模 2kV、差模 1kV）的浪涌（冲击）抗扰度试验，试验期间及试验后，装置性能应符合该标准 4.5 条的规定。

3.9.6 工频磁场抗扰度。装置应能承受 GB/T 17626.8—2006 中 4.1 条规定的严酷等级为Ⅴ级（试验条件：稳定磁场 100A/m，短时磁场 1000A/m）的工频磁场抗扰度试验，试验期间及试验后，装置性能应符合该标准 4.6 的规定。

3.9.7 射频场感应的传导骚扰抗扰度。装置应能承受 GB/T 17626.6—2008 中 3.1.1 条规定的严酷等级为Ⅲ级（试验条件：试验电平 10V，扫频 150kHz～80MHz，调幅 80%AM，调制频率 1kHz）的射频场感应的传导骚扰抗扰度试验，试验期间及试验后，装置性能应符合该标准 3.4 的规定。

3.9.8 脉冲磁场抗扰度。装置应能承受 GB/T 17626.9—2011 中 4.2 条规定的严酷等级为Ⅴ级（试验条件：试验峰值电平 1000A/m）的脉冲磁场抗扰度试验，试验期间及试验后，装置性能应符合该标准 4.6 条的规定。

3.10 直流电源影响

a）在试验的标准大气条件下，分别改变 3.2.1 条规定的极限参数，装置应可靠工作，性能及参数符合 3.4、3.5 的规定；

b）按 GB/T 7261—2000 中 15.3 条的规定进行直流电源中断 20ms 影响试验，装置不应误动；

c）装置加上电源、断电、电源电压缓慢上升或缓慢下降，装置均不应误动作或误发信号。当电源恢复正常后，装置应自动恢复正常运行。

3.11 静态模拟、动态模拟

装置应进行静态模拟、动态模拟试验。在各种故障类型下，装置动作行为应正确，信号指示应正常，应符合 3.4、3.5 条的规定。

3.12 连续通电

装置完成调试后，出厂前应进行连续通电试验。试验期间，装置工作应正常，信号指示应正确，不应有元器件损坏或其他异常情况出现。试验结束后，性能指标应符合 3.4、3.5 条的规定。

3.13 机械性能

3.13.1 振动（正弦）。

a） 振动响应。装置应能承受 GB/T 11287—2000 中 3.2.1 条规定的严酷等级为 1 级的振动响应试验，试验期间及试验后，装置性能应符合该标准 5.1 条的规定。

b） 振动耐久。装置应能承受 GB/T 11287—2000 中 3.2.2 条规定的严酷等级为 1 级的振动耐久试验，试验期间及试验后，装置性能应符合该标准 5.2 条的规定。

3.13.2 冲击

a） 冲击响应。装置应能承受 GB/T 14537—1993 中 4.2.1 条规定的严酷等级为 1 级的冲击响应试验，试验期间及试验后，装置性能应符合该标准 5.1 条的规定。

b） 冲击耐久。装置应能承受 GB/T 14537—1993 中 4.2.2 条规定的严酷等级为 1 级的冲击耐久试验，试验期间及试验后，装置性能应符合该标准 5.2 条的规定。

3.13.3 碰撞。装置应能承受 GB/T 14537—1993 中 4.3 条规定的严酷等级为 1 级的碰撞试验，试验期间及试验后，装置性能应符合该标准 5.2 条的规定。

3.14 结构、外观及其他

3.14.1 机箱尺寸应符合 GB/T 19520.12—2009 的规定。

3.14.2 装置应采取必要的抗电气干扰措施，装置的不带电金属部分应在电气上连成一体，并具备可靠接地点。

3.14.3 装置应有安全标志，安全标志应符合 GB 14598.27—2009 的规定。

3.14.4 金属结构件应有防锈蚀措施。

4 试验方法

4.1 试验条件

4.1.1 除另有规定外，各项试验均在 3.1.2 条规定的条件下进行。

4.1.2 被试验装置和测试仪表必须良好接地，并考虑周围环境电磁干扰对测试结果的影响。

4.2 技术性能试验

4.2.1 基本性能试验：

a） 各种保护的定值；

b） 各种保护的动作特性；

c） 各种保护的动作时间特性；

d） 装置整组的动作正确性。

4.2.2 其他性能试验：

a） 硬件系统自检；

b） 硬件系统时钟功能；

c） 通信及信息显示、输出功能；

d） 开关量输入输出回路；

e）　数据采集系统的精度和线性度；

f）　定值切换功能。

4.2.3　静态、动态模拟试验。装置通过 4.2.1、4.2.2 条中各项试验后，根据 3.11 条的要求，按照 DL/T 871—2004 的规定，在电力系统静态或动态模拟系统上进行整组试验，或使用继电保护试验装置、仿真系统进行试验。试验结果应满足 3.4、3.5 条的规定。

试验项目如下：

a）　区内单相接地，两相短路接地，两相短路和三相短路时的动作行为；

b）　区外单相接地，两相短路接地，两相短路和三相短路时的动作行为；

c）　区外故障转换为区内故障时的动作行为；

d）　区外故障伴随 TA 严重饱和（正确传变时间不大于 3ms）时的动作行为；

e）　区内经组抗短路时的动作行为；

f）　在发生系统振荡、振荡时发生区外故障、振荡时发生区内故障时的行为；

g）　模拟区内故障有电流流出母线时的动作行为；

h）　电流回路断线时的动作行为。

4.3　温度试验

根据 3.1.1 条中 a）的要求，按 GB/T 7261—2000 第 12 章规定进行低温试验，按第 13 章规定进行高温试验。在试验过程中施加规定的激励量，温度变差应满足 3.5.4 条中 b）的要求。

4.4　温度储存试验

装置不包装，不施加激励量，根据 3.1.4 的要求，先按 GB/T 2423.1—2008 中第 9 章的规定进行低温储存试验，在–25℃时储存 16h，在室温下恢复 2h 后，再按 GB/T 2423.2—2008 中第 8 章的规定进行高温储存试验，在 70℃时储存 16h，在室温下恢复 2h 后，施加激励量进行电气性能检测，装置的性能应符合 3.1.4 的规定。

4.5　功率消耗试验

根据 3.3 条的要求，按 GB/T 7261—2000 中第 10 章的规定和方法，对装置进行功率消耗试验。

4.6　过载能力试验

根据 3.6 条的要求，按 GB/T 7261—2000 中第 23 章的规定和方法，对装置进行过载能力试验。

4.7　绝缘试验

根据 3.7 条的要求，按 GB/T 7261—2000 第 20 章的规定和方法，分别进行绝缘电阻测量、介质强度及冲击电压试验。

4.8　湿热试验

根据 3.8 条的规定，在以下两种方法中选择其中一种。

4.8.1　恒定湿热试验。根据 3.8.1 条的要求，按 GB/T 2423.3—2006 的规定和方法，对装置进行恒定湿热试验。

4.8.2　交变湿热试验。根据 3.8.2 条的要求，按 GB/T 7261—2000 第 21 章的规定和方法，对装置进行交变湿热试验。

4.9 抗电气干扰性能试验

4.9.1 辐射电磁场干扰试验。根据 3.9.1 条的要求，按 GB/T 14598.9 的规定和方法，对装置进行辐射电磁场干扰试验。

4.9.2 快速瞬变干扰试验。根据 3.9.2 条的要求，按 GB/T 14598.10 的规定和方法，对装置进行快速瞬变干扰试验。

4.9.3 脉冲群干扰试验。根据 3.9.3 条的要求，按 GB/T 14598.13 的规定和方法，对装置进行脉冲群干扰试验。

4.9.4 静电放电干扰试验。根据 3.9.4 条的要求，按 GB/T 14598.14 的规定和方法，对装置进行静电放电干扰试验。

4.9.5 浪涌（冲击）抗扰度试验。根据 3.9.5 条的要求，按 GB/T 17626.5 的规定和方法，对装置进行浪涌（冲击）抗扰度试验。

4.9.6 工频磁场抗扰度试验。根据 3.9.6 条的要求，按 GB/T 17626.8 的规定和方法，对装置进行工频磁场抗扰度试验。

4.9.7 射频场感应的传导骚扰抗扰度试验。根据 3.9.7 条的要求，按 GB/T 17626.6 的规定和方法，对装置进行射频场感应的传导骚扰抗扰度试验。

4.9.8 脉冲磁场抗扰度试验。根据 3.9.8 条的要求，按 GB/T 17626.9 的规定和方法，对装置进行脉冲磁场抗扰度试验。

4.10 直流电源影响试验

根据 3.10 条的要求，按 GB/T 7261—2000 中第 15 章的规定和方法，对装置进行电源影响试验。

4.11 连续通电试验

a） 根据 3.12 条的要求，装置出厂前应进行连续通电试验；

b） 被试装置只施加直流电源，必要时可施加其他激励量进行功能检测；

c） 试验时间为室温 100h（或 40℃、72h）。

4.12 机械性能试验

4.12.1 振动试验。根据 3.13.1 条的要求，按 GB/T 11287 的规定和方法，对装置进行振动响应和振动耐久试验。

4.12.2 冲击试验。根据 3.13.2 条的要求，按 GB/T 14537 的规定和方法，对装置进行冲击响应和冲击耐久试验。

4.12.3 碰撞试验。根据 3.13.3 条的要求，按 GB/T 14537 的规定和方法，对装置进行碰撞试验。

4.13 结构和外观检查

按 3.14 条及 GB/T 7261—2000 第 4 章的要求逐项进行检查。

5 检验规则

产品检验分出厂检验和型式检验两种。

5.1 出厂检验

每台装置出厂前必须由制造厂的检验部门进行出厂检验，出厂检验在试验的标准大气条件下进行。

5.2　型式检验

型式检验在试验的标准大气条件下进行。

5.2.1　型式检验规定。凡遇下列情况之一，应进行型式检验：

a）　新产品定型鉴定前；

b）　产品转厂生产定型鉴定前；

c）　连续批量生产的装置每四年一次；

d）　正式投产后，如设计、工艺、材料、元器件有较大改变，可能影响产品性能时；

e）　产品停产一年以上又重新恢复生产时；

f）　国家质量技术监督机构或受其委托的质量技术检验部门提出型式检验要求时；

g）　合同规定时。

5.2.2　型式检验项目。型式检验项目见表 2。

表 2　型 式 检 验 项 目

检验项目名称	“出厂检验”项目	“型式检验”项目	“技术要求”章条	“试验方法”章条
a）结构与外观	√	√	3.14	4.13
b）技术性能	√	√	3.5	4.2
c）功率消耗	√[a]	√	3.3	4.5
d）高温、低温		√	3.1.1[a]，3.5.3[b]	4.3
e）直流电源影响		√	3.10	4.10
f）静态模拟	√	√	3.11	4.2.3
g）连续通电	√	√	3.12	4.11
h）抗电气干扰		√	3.9	4.9
i）温度储存		√	3.1.4	4.4
j）耐湿热性能		√	3.8	4.8
k）绝缘性能	√[b]	√	3.7	4.7
l）过载能力		√	3.6	4.6
m）机械性能		√	3.13	4.12
n）动态模拟		√[c]	3.11	4.2.3

[a] 只测交流电流电压功耗，不测直流电源功耗。
[b] 只测绝缘电阻及介质强度，不测冲击电压。
[c] 新产品定型鉴定前做。

5.2.3　型式检验的抽样与判定规则：

a）　型式检验从出厂检验合格的产品中任意抽取两台作为样品，然后分 A、B 两组进行：A 组样品按 5.2.2 条中规定的 a）、b）、c）、d）、e）、f）、g）、h）各项进行检验；B 组样品按 5.2.2 条中规定的 i）、j）、k）、l）、m）各项进行检验。

b）　样品经过型式检验，未发现主要缺陷，则判定产品本次型式检验合格。检验中如发现有一个主要缺陷，则进行第二次抽样，重复进行型式检验，如未发现主要缺陷，仍判定该产品本次型式检验合格。如第二次抽取的样品仍存在此缺陷，则判定该产品本次型式检验不合格。

c）　样品型式检验结果达不到 3.3 条～3.11 条要求中任一条时，均按存在主要缺陷判定。

d） 检验中样品出现故障允许进行修复。修复内容，如对已做过检验项目的检验结果没有影响，可继续往下进行检验。反之，受影响的检验项目应重做。

6 标志、包装、运输、储存

6.1 标志

6.1.1 每台装置必须在机箱的显著部位设置持久明晰的标志或铭牌，标志下列内容：

a） 产品型号、名称；

b） 制造厂全称及商标；

c） 主要参数；

d） 对外端子及接口标志；

e） 出厂日期及编号。

6.1.2 包装箱上应以不易洗刷或脱落的涂料作如下标记：

a） 发货厂名、产品型号、名称；

b） 收货单位名称、地址、到站；

c） 包装箱外形尺寸（长×宽×高）及毛重；

d） 包装箱外面书写“防潮”“向上”“小心轻放”等字样；

e） 包装箱外面应规定叠放层数。

6.1.3 标志标识，应符合 GB 191—2008 的规定。

6.1.4 产品执行的标准应予以明示。

6.1.5 安全设计标志应按 GB 14598.27—2008 的规定明示。

6.2 包装

6.2.1 产品包装前的检查：

a） 产品合格证书和装箱清单中各项内容应齐全；

b） 产品外观无损伤；

c） 产品表面无灰尘。

6.2.2 包装的一般要求。产品应有内包装和外包装，插件插箱的可动部分应锁紧扎牢，包装应有防尘、防雨、防水、防潮、防振等措施。包装完好的装置应满足 3.1.4 条规定的储存运输要求。

6.3 运输

产品应适于陆运、空运、水运（海运），运输装卸按包装箱的标志进行操作。

6.4 储存

长期不用的装置应保留原包装，在 3.1.4 条规定的条件下储存。储存场所应无酸、碱、盐及腐蚀性、爆炸性气体和灰尘以及雨、雪的侵害。

7 其他

用户在遵守本标准及产品说明书所规定的运输、储存条件下，装置自出厂之日起，至安装不超过两年，如发现装置和配套件非人为损坏，制造厂应负责免费维修或更换。

国家电网公司企业标准

1000kV 变压器保护装置技术要求

Specification for 1000kV power transformer protection equipment

Q/GDW 325—2009

目 次

前言 …… 57
1 范围 …… 58
2 规范性引用文件 …… 58
3 术语 …… 59
4 技术要求 …… 60
5 试验方法 …… 67
6 检验规则 …… 70
7 标志、包装、运输、贮存 …… 71
8 其他 …… 72
编制说明 …… 73

前　言

本标准规定了 1000kV 特高压交流系统变压器保护装置的基本技术要求、试验方法及检验规则等，为 1000kV 特高压交流系统变压器保护装置的科研、设计、制造、施工和运行等有关部门共同遵守的基本技术原则。

本标准由国家电网公司科技部归口。

本标准由国家电力调度通信中心提出并负责解释。

本标准主要起草单位：国家电网公司电力调度通信中心、南京南瑞继保电气有限公司、国网电力科学研究院、中国电力科学研究院、华中电力调度通信中心、北京四方继保自动化股份有限公司、国电南京自动化股份有限公司、许继电气股份有限公司、国家电网公司特高压建设部。

本标准主要起草人：马锁明、陈松林、文继锋、杜丁香、柳焕章、屠黎明、王峰、李瑞生、刘洪涛。

1000kV 变压器保护装置技术要求

1 范围

本标准规定了微机特高压变压器继电保护装置的基本技术要求、试验方法、检验规则及对标志、包装、运输、贮存的要求。

本标准适用于 1000kV 变压器微机型继电保护装置（以下简称为装置），作为该类装置设计、制造、检验和应用的依据。

2 规范性引用文件

下列文件中的条款通过本标准的引用而成为本标准的条款。凡是注日期的引用文件，其随后所有的修改单（不包括勘误的内容）或修订版均不适用于本标准，然而，鼓励根据本标准达成协议的各方研究是否可使用这些文件的最新版本。凡是不注日期的引用文件，其最新版本适用于本标准。

GB/T 191—2008 包装储运图示标志（eqv ISO 780：1997）

GB/T 2900.17—1994 电工术语 电气继电器（eqv IEC 60050–446：1997）

GB/T 2900.49—2004 电力系统保护 术语（IEC 60050–448：1995，IDT）

GB/T 7261—2000 继电器和继电保护装置基本试验方法

GB/T 11287—2000 电气继电器 第 21 部分：量度继电器和保护装置的振动试验（正弦）（idt IEC 60255–21–1：1988）

GB/T 14285—2006 继电保护和安全自动装置技术规程

GB/T 14537—1993 量度继电器和保护装置的冲击和碰撞试验（idt IEC 60255–21–2：1988）

GB/T 14598.3—2006 电气继电器 第 5 部分：量度继电器和保护装置的绝缘配合要求和试验（IEC 60255–5：2000，IDT）

GB/T 14598.9—2002 电气继电器 第 22–3 部分：量度继电器和保护装置的电气骚扰试验 辐射电磁场骚扰试验（IEC 60255–22–3：2000，IDT）

GB/T 14598.10—2007 电气继电器 第 22–4 部分：量度继电器和保护装置的电气骚扰试验 电快速瞬变/脉冲群抗扰度试验（IEC 60255–22–4：2002，IDT）

GB/T 14598.13—2008 量度继电器和保护装置的电气干扰试验 第 1 部分：1MHz 脉冲群干扰试验（idt IEC 60255–22–1：1988）

GB/T 14598.14—1998 量度继电器和保护装置的电气干扰试验 第 2 部分：静电放电试验（idt IEC 60255–22–4：1996）

GB/T 14598.16—2002 电气继电器 第 25 部分：量度继电器和保护装置的电磁发射试验（IEC 60255–25：2000，IDT）

GB/T 14598.17—2005 电气继电器 第 22–6 部分：量度继电器和保护装置的电气骚

扰试验—射频场感应的传导骚扰的抗扰度（IEC 60255–22–6：2001，IDT）

GB/T 14598.18—2007 电气继电器 第 22–5 部分：量度继电器和保护装置的电气骚扰试验—浪涌抗扰度试验（IEC 60255–22–5：2002）

GB 14598.27—2008 量度继电器和保护装置安全设计的一般要求

GB/T 17626.8—2005 电磁兼容 试验和测量技术 工频磁场抗扰度试验（IEC 61000–4–8：2001，IDT）

GB/T 17626.9—1998 电磁兼容 试验和测量技术 脉冲磁场抗扰度试验（idt IEC 61000–4–9：1993）

GB/T 17626.10—1998 电磁兼容 试验和测量技术 阻尼振荡磁场抗扰度试验（idt IEC 61000–4–10：1993）

GB/T 19520.3—2004 电子设备机械结构 482.6mm（19in）系列机械结构尺寸 插箱及其插件（IEC 60297–3：1984+A1：1992，IDT）

GB 50171 电气装置安装工程盘、柜及二次回路结线施工及验收规范

DL/T 478 静态继电保护及安全自动装置通用技术条件

DL/T 667—1999 远动设备及系统 第 5 部分：第 103 篇 继电保护设备信息接口配套标准（idt IEC 60870–5–103：1997）

DL/Z 713 500kV 变电所保护和控制设备抗干扰度要求

DL/Z 720 电力系统继电保护柜、屏通用技术条件

DL/T 5136 火力发电厂、变电所二次接线设计技术规程

国调〔2005〕222 号《国家电网公司十八项电网重大反事故措施》（试行）继电保护专业重点实施要求的通知

国家电网生技〔2005〕400 号关于印发《国家电网公司十八项电网重大反事故措施》（试行）的通知

3 术语

3.1 纵差保护

由变压器各侧外附 TA 构成的差动保护，该保护能反映变压器各侧的各类故障。

3.2 分相差动保护

将变压器的各相绕组分别作为被保护对象，由每相绕组的各侧 TA 构成的差动保护，该保护能反映变压器某一相各侧全部故障。本要求中分相差动保护是指由变压器高、中压侧外附 TA 和低压侧三角内部套管（绕组）TA 构成的差动保护。

3.3 低压侧小区差动保护

由低压侧三角形两相绕组内部 TA 和一个反映两相绕组差电流的外附 TA 构成的差动保护。

3.4 分侧差动保护

将变压器的各侧绕组分别作为被保护对象，由各侧绕组的首末端 TA 按相构成的差动保护，该保护不能反映变压器各侧绕组的全部故障。本要求中高中压和公共绕组分侧差动保护指由自耦变压器高、中压侧外附 TA 和公共绕组 TA 构成的差动保护。

3.5 故障分量差动保护

零序分量、负序分量或变化量等反映轻微故障的差动保护称为故障分量差动保护。

4 技术要求

4.1 环境条件

4.1.1 正常工作大气条件

a） 环境温度：–10℃～+40℃；

b） 相对湿度：5%～95%（产品内部，既不应凝露，也不应结冰）；

c） 大气压力：86kPa～106kPa；70kPa～106kPa。

4.1.2 试验的标准大气条件

a） 环境温度：15℃～35℃；

b） 相对湿度：45%～75%；

c） 大气压力：86kPa～106kPa。

4.1.3 仲裁试验的标准大气条件

a） 环境温度：20℃±2℃；

b） 相对湿度：45%～75%；

c） 大气压力：86kPa～106kPa。

4.1.4 贮存、运输极限环境温度

装置的贮存、运输允许的环境温度为–25℃～+70℃，相对湿度不大于 85%，在不施加任何激励量的条件下，不出现不可逆变化。温度恢复后，装置性能符合 4.4、4.5、4.7 的规定。

4.1.5 周围环境

装置的使用地点应无爆炸危险、无腐蚀性气体及导电尘埃、无严重霉菌、无剧烈振动源；不存在超过 4.9 规定的电气干扰；有防御雨、雪、风、沙、尘埃及防静电措施；场地应符合 GB 9361—1988 中 B 类安全要求，接地电阻应符合 GB/T 2887—2000 中 4.4 的规定。

4.1.6 特殊环境条件

当超出 4.1.1～4.1.5 规定的环境条件时，由用户与制造厂商定。

4.2 额定电气参数

4.2.1 直流电源

a） 额定电压：220V、110V；

b） 允许偏差：–20%～+15%；

c） 纹波系数：不大于 5%。

4.2.2 交流回路

a） 交流电流：1A；

b） 交流电压：100V、$100/\sqrt{3}$ V；

c） 频率：50Hz。

4.3 功率消耗

a） 交流电流回路：每相不大于 0.5VA；

b） 交流电压回路：当额定电压时，每相不大于 0.5VA；

c）直流电源回路：当正常工作时，不大于 60W；当装置动作时，不大于 110W；

d）当采用电子式变换器时，按相关标准规定。

4.4 整套装置的主要功能

4.4.1 装置应具有独立性、完整性、成套性，应含有变压器必需的能反映各种故障的保护功能。

4.4.2 保护装置应具有在线自动检测功能，包括保护装置硬件损坏、功能失效、二次回路异常运行状态的自动检测。装置任一元件损坏后，自动检测回路应能发出告警或装置异常信号，并给出有关信息指明损坏元件的所在位置，至少应能将故障定位至模块（插件）。保护装置任一元件（出口继电器除外）损坏时，装置不应误动作。

4.4.3 装置应具有独立的启动元件，只有在电力系统发生扰动时，才允许开放出口跳闸回路。

4.4.4 保护装置必须具有故障记录功能，以记录保护的动作过程，为分析保护的动作行为提供详细、全面的数据信息；并且能以 COMTRADE 数据格式输出上传至保护和故障信息管理子站；应能至少记录 32 次故障记录，所有故障记录按时序循环覆盖；应能保存最新的 2 次跳闸报告；保护装置应保证发生故障时不丢失故障记录信息，在装置直流电源消失时不丢失已经记录的信息，记录不可人为清除；应能记录故障时的输入模拟量和开关量、输出开关量、动作元件、动作时间、相别。

4.4.5 保护装置中央信号的触点在直流电源消失后应能自保持，只有当运行人员复归后，信号触点才能返回，人工复归应能在装置外部实现。

4.4.6 保护装置的定值应满足保护功能的要求，应尽可能做到简单、易理解、易整定；定值需改变时，应设置不少于 3 套可切换的定值。电流定值可整定范围应在 $0.05I_n$～$15I_n$，其他定值整定的范围应满足工程需要。

4.4.7 保护装置应按时间顺序记录正常操作信息，如开关变位、开入量变位、压板切换、定值修改、定值切换等。在装置直流电源消失时不丢失已经记录的信息；所有故障记录按时序循环覆盖；记录不可人为清除。

4.4.8 保护装置应能输出装置本身的自检信息及动作时间，动作时间报告，动作采样值数据报告，开入、开出和内部状态信息，定值报告等。

4.4.9 保护装置应能提供三个与监控系统和故障信息系统相连的通信接口（以太网或 RS–485）、一个调试接口、一个打印接口。通信接口的通信数据格式应符合 DL/T 667 标准规约。

4.4.10 保护装置宜具有调试用的通信接口，并提供相应的辅助调试软件。

4.4.11 保护装置应具有硬件时钟电路，装置在失去直流电源时，硬件时钟应能正常工作。保护装置应具有与外部标准授时源的 IRIG–B 对时接口。装置时钟精度：24h 不超过 ±2s；经过时钟同步后相对误差不大于 ±1ms。

4.4.12 保护装置的直流工作电源，应保证在外部电源为（80%～115%）额定电压、纹波系数不大于 5%的条件下可靠工作。拉、合装置直流电源或直流电压缓慢下降及上升时，装置不应误动。直流电源消失时，应有输出触点以启动告警信号。直流电源恢复时，装置应能自动恢复工作。

4.4.13 保护装置应有足够的跳闸触点，除应满足跳开相应的断路器及启动失灵保护的要求外，还应提供一定数量的备用跳闸出口触点，供安全稳定装置等使用。保护装置的跳闸触点应保证断路器可靠动作切除故障，故障消失后跳闸触点的返回时间应不大于 30ms。

4.5　各种保护功能配置和主要技术性能

保护模块的配置与被保护的设备有关，但所选择的单个保护应能达到下面的性能指标。本标准未规定的指标由下级标准规定。

4.5.1　主变压器保护配置要求

a）1000kV 变压器由于容量、体积及自重等关系，为主变压器和调压变压器、补偿变压器的特殊接线方式。主变压器保护和调压变压器、补偿变压器保护应分布于不同保护装置内，并单独组屏，以方便现场运行调试。1000kV 变压器应配置双重化的主、后备保护一体变压器电气量保护和一套非电量保护。

b）主变压器保护应采用主后一体双重化配置，主保护和后备保护综合在一整套装置内，共用直流电源输入回路及电压互感器、电流互感器的二次回路，应配置纵差保护或分相差动保护加上低压侧小区差动保护。

c）主变压器保护应具有接入高、中压侧和公共绕组回路的分侧差动保护，不应将中性点零序电流接入差动保护。

d）可配置不经整定的反应故障分量的差动保护。

e）变压器差动保护应采用 TPY 型电流互感器。

f）各侧应配置后备保护和过负荷功能，各侧应各装设一套不带任何闭锁的过流保护或零序电流保护变压器的总后备保护。

g）对外部相间短路引起的变压器过电流，变压器应装设相间短路后备保护，保护带延时跳开相应断路器。在满足灵敏性和选择性要求的情况下，应优先选用简单可靠的电流、电压保护作为相间短路后备保护。对电流、电压保护不能满足灵敏性和选择性要求的变压器可采用阻抗保护。

h）对外部单相接地短路引起的变压器过电流，变压器应装设接地短路后备保护，保护带延时跳开相应断路器。

i）公共绕组侧应该配置零序过流保护和过负荷功能。

j）过激磁保护。应装设过激磁保护，应具有定时限或反时限特性并与被保护变压器的励磁特性相配合。定时限保护由两段组成，低定值动作于信号，高定值动作于跳闸。

k）应装设瓦斯保护。当壳内故障产生轻微瓦斯或油面下降时，应瞬时动作于信号；当壳内故障产生大量瓦斯时，应瞬时动作于断开变压器各侧断路器。

l）非电量保护分相设置。

m）非电量保护应有独立的出口回路，不得使用弱电作为跳闸启动电源。

n）不允许由非电气量保护启动失灵。

4.5.2　调压变补偿变保护配置要求

a）为了保证调压变压器和补偿变压器匝间故障的灵敏度，两者必须单独配置差动保护，调压变压器和补偿变压器不配置差动速断和后备保护。

b）应装设瓦斯保护。当壳内故障产生轻微瓦斯或油面下降时，应瞬时动作于信号；当壳内故障产生大量瓦斯时，应瞬时动作于断开变压器各侧断路器。

c） 非电量保护分相设置。

d） 非电量保护应有独立的出口回路，不得使用弱电作为跳闸启动电源。

e） 不允许由非电气量保护启动失灵。

4.5.3 变压器保护技术要求

a） 差动保护要求：

1） 具有防止区外故障误动的制动特性，具体制动特性的技术要求由企业产品标准规定。

2） 具有 TA 断线判别功能，并能报警，是否闭锁差动保护，可整定。

3） 差动动作时间（2 倍整定值）不大于 30ms。

4） 整定值允许误差±5%或±$0.02I_n$（I_n为 TA 二次额定电流，下同）。

5） 主变压器纵差保护、分相差动保护、调压变差动保护和补偿变差动保护应具有防止励磁涌流引起误动的功能。

6） 主变压器纵差保护、分相差动保护应具有防止过励磁引起误动的功能。

7） 主变压器纵差保护、分相差动保护应具有严重内部故障 TA 饱和情况下快速动作的差动速断功能，差动速断保护不经电流波形特征元件闭锁，差动速断动作时间（1.5 倍整定值）不大于 20ms。

b） 定时限过励磁保护：

1） 时限分段不少于两段；

2） 过励磁倍数整定值允许误差±2.5%；

3） 返回系数不小于 0.96；

4） 装置适用频率范围 45Hz～55Hz。

c） 反时限过励磁保护：

1） 整段特性应由信号告警段、反时限动作段、速断段等三部分组成；

2） 长延时应能整定到 1000s；

3） 时限特性应能整定，应与变压器过激磁特性相匹配；

4） 过励磁倍数整定值允许误差±2.5%；

5） 返回系数不小于 0.96；

6） 反时限延时允许误差由产品标准规定；

7） 装置适用频率范围 45Hz～55Hz。

d） 阻抗保护：

1） 应具有 TV 断线闭锁功能并发出告警信号；

2） 具有偏移特性时，正反向阻抗均可分别整定；

3） 阻抗整定值允许误差±5%或±0.1Ω。

e） 复合电压闭锁过流（方向）保护：

1） 电压整定值允许误差±5%或±$0.01U_n$，负序电压整定值允许误差±5%或±$0.01U_n$，电流整定值允许误差±5%或±$0.02I_n$；

2） 方向元件无死区；动作边界允许误差±3°；

3） 具有 TV 断线报警功能；

4） 方向元件的投退应由整定控制。

f） 零序过流（方向）保护：
 1） 电流整定值允许误差±5%或±0.02I_n；
 2） 方向元件最小动作电压不大于 1V，最小动作电流不大于 0.1I_n；
 3） 动作边界允许误差±3°；
 4） 方向元件的投退应由整定控制。

g） 低电压闭锁过流保护：
 1） 电压整定值允许误差±5%或±0.01U_n，电流整定值允许误差±5%或±0.02I_n；
 2） 具有 TV 断线报警功能。

h） 过流保护：
电流整定值允许误差±5%或±0.02I_n。

i） 过负荷保护：
 1） 电流整定值允许误差±5%或±0.02I_n；
 2） 返回系数：0.9～0.95。

j） 零序过流保护：
同 8）。

k） 过负荷闭锁调压：
同 9）。

l） 冷却器启动：
 1） 电流整定值允许误差±5%或±0.02I_n；
 2） 返回系数：0.85～0.9。

m） 断路器失灵启动：
 1） 电流整定值允许误差±5%或±0.02I_n；
 2） 返回系数：0.9～0.95；
 3） 返回时间不大于 20ms。

n） 断路器非全相保护：
 1） 负序电流或零序电流整定值允许误差±5%或±0.02I_n；
 2） 通过反映断路器非全相运行的辅助触点启动。

4.5.4 测量元件特性的准确度

a） 整定误差：不超过±2.5%；

b） 温度变差：在正常工作环境温度范围内，相对于 20℃±2℃时，不超过±2.5%。

4.5.5 装置自身时钟精度

装置时钟精度：24h 不超过±2s；经过时钟同步后相对误差不大于±1ms。

4.6 过载能力

a） 交流电流回路：2 倍额定电流，连续工作；
10 倍额定电流，允许 10s；
40 倍额定电流，允许 1s；
250 倍额定电流，允许 10ms。

b） 交流电压回路：1.2 倍额定电压，连续工作；
1.4 倍额定电压，允许 10s。

装置经受电流电压过载后，应无绝缘损坏，并符合 3.7、3.8 的规定。

4.7 绝缘性能

4.7.1 绝缘电阻

在试验的标准大气条件下，装置的外引带电回路部分和外露非带电金属部分及外壳之间，以及电气上无联系的各回路之间，用 500V 的直流绝缘电阻表测量其绝缘电阻值，应不小于 20MΩ。

4.7.2 介质强度

a） 在试验的标准大气条件下，装置应能承受频率为 50Hz，历时 1min 的工频耐压试验而无击穿闪络及元器件损坏现象。

b） 工频试验电压值按表 1 选择。也可以采用直流试验电压，其值应为规定的工频试验电压值的 1.4 倍。

表 1 试验电压规定值 V

被试回路	额定绝缘电压	试验电压
整机引出端子和背板线—地	＞60～250	2000
直流输入回路—地	＞60～250	2000
交流输入回路—地	＞60～250	2000
信号输出触点—地	＞60～250	2000
无电气联系的各回路之间	＞60～250	2000
整机带电部分—地	≤60	500

c） 试验过程中，任一被试回路施加电压时其余回路等电位互联接地。

4.7.3 冲击电压

在试验的标准大气条件下，装置的直流输入回路、交流输入回路、信号输出触点等诸回路对地，以及回路之间，应能承受 1.2/50μs 的标准雷电波的短时冲击电压试验。当额定绝缘电压大于 60V 时，开路试验电压为 5kV；当额定绝缘电压不大于 60V 时，开路试验电压为 1kV。试验后，装置的性能应符合 4.4、4.5 的规定。

4.8 耐湿热性能

根据试验条件和使用环境，在以下两种方法中选择其中一种。

4.8.1 恒定湿热

装置应能承受 GB/T 2423.9 规定的恒定湿热试验。试验温度为 40℃±2℃，相对湿度为（93±3）%，试验持续时间 48h。在试验结束前 2h 内，用 500V 直流绝缘电阻表，测量各外引带电回路部分对外露非带电金属部分及外壳之间，以及电气上无联系的各回路之间的绝缘电阻值应不小于 1.5MΩ；介质强度不低于 4.7.2 规定的介质强度试验电压值的 75%。

4.8.2 交变湿热

装置应能承受 GB/T 7261—1987 第 21 章规定的交变湿热试验。试验温度为 40℃±2℃，相对湿度为（93±3）%，试验时间为 48h，每一周期历时 24h。在试验结束前 2h 内，用 500V 直流绝缘电阻表，测量各外引带电回路部分对外露非带电金属部分及外壳之间，以及电气上无联系的各回路之间的绝缘电阻应不小于 1.5MΩ；介质强度不低于 4.7.2

规定的介质强度试验电压值的 75%。

4.9 抗电气干扰性能

4.9.1 辐射电磁场干扰

装置应能承受 GB/T 14598.9—2002 中 4.1.1 规定的严酷等级为Ⅲ级（试验条件：试验场强 10V/m，频率 80MHz～1GHz）的辐射电磁场干扰试验，试验期间及试验后，装置性能应符合该标准中 4.5 的规定。

4.9.2 快速瞬变干扰

装置应能承受 GB/T 14598.10—2007 中 4.1 规定的严酷等级为Ⅳ级（试验条件：试验电压±4kV，干扰信号重复频率 2.5kHz）的快速瞬变干扰试验，试验期间及试验后，装置性能应符合该标准中 4.6 的规定。

4.9.3 脉冲群干扰

装置应能承受 GB/T 14598.13—2008 中 3.1.1 规定的严酷等级为Ⅲ级的 1MHz 和 100kHz 脉冲群干扰试验（试验条件：试验电压共模 2.5kV；差模 1kV），试验期间及试验后，装置性能应符合该标准中 3.4 的规定。

4.9.4 静电放电干扰

装置应能承受 GB/T 14598.14—1998 中 4.2 规定的严酷等级为Ⅳ级（试验条件：接触放电±8kV，空气放电±15kV，湿度 10%）的静电放电干扰试验，试验期间及试验后，装置性能应符合该标准中 4.6 的规定。

4.9.5 浪涌（冲击）抗扰度

装置应能承受 GB/T 17626.5—1999 中 4.1.1 规定的严酷等级为Ⅲ级（试验条件：试验电平共模 2kV、差模 1kV）的浪涌（冲击）抗扰度试验，试验期间及试验后，装置性能应符合该标准中 4.5 的规定。

4.9.6 工频磁场抗扰度

装置应能承受 GB/T 17626.8—1998 中 4.1 规定的严酷等级为Ⅴ级［试验条件：稳定磁场 100A/m，短时磁场（3s）1000A/m］的工频磁场抗扰度试验，试验期间及试验后，装置性能应符合该标准中 4.6 的规定。

4.9.7 射频场感应的传导骚扰抗扰度

装置应能承受 GB/T 17626.6—1998 中 3.1.1 规定的严酷等级为Ⅲ级（试验条件：稳定磁场 100A/m，短时磁场 1000A/m）的射频场感应的传导骚扰抗扰度试验，试验期间及试验后，装置性能应符合该标准中 3.4 的规定。

4.9.8 脉冲磁场抗扰度

装置应能承受 GB/T 17626.9—1998 中 4.2 规定的严酷等级为Ⅴ级（试验条件：试验峰值电平 1000A/m）的脉冲磁场抗扰度试验，试验期间及试验后，装置性能应符合该标准中 4.6 的规定。

4.10 直流电源影响

a） 在试验的标准大气条件下，分别改变 4.2.1 中规定的极限参数，装置应可靠工作，性能及参数符合 4.4、4.5 的规定。

b） 按 GB/T 7261—1987 中 15.3 的规定进行直流电源中断 20ms 影响试验，装置不应误动。

c）装置加上电源、断电、电源电压缓慢上升或缓慢下降，装置均不应误动作或误发信号。当电源恢复正常后，装置应自动恢复正常运行。

4.11 静态模拟、动态模拟

装置应进行静态模拟、动态模拟试验。在各种故障类型下，装置动作行为应正确，信号指示应正常，应符合 4.4、4.5 的规定。

4.12 连续通电

装置完成调试后，出厂前应进行连续通电试验。试验期间，装置工作应正常，信号指示应正确，不应有元器件损坏，或其他异常情况出现。试验结束后，性能指标应符合 4.4、4.5 的规定。

4.13 机械性能

4.13.1 振动（正弦）

4.13.1.1 振动响应：

装置应能承受 GB/T 11287—2000 中 3.2.1 规定的严酷等级为 I 级的振动响应试验，试验期间及试验后，装置性能应符合该标准中 5.1 的规定。

4.13.1.2 振动耐久：

装置应能承受 GB/T 11287—2000 中 3.2.2 规定的严酷等级为 I 级的振动耐久试验，试验期间及试验后，装置性能应符合该标准中 5.2 的规定。

4.13.2 冲击

a）冲击响应

装置应能承受 GB/T 14537—1993 中 4.2.1 规定的严酷等级为 I 级的冲击响应试验，试验期间及试验后，装置性能应符合该标准中 5.1 的规定。

b）冲击耐久

装置应能承受 GB/T 14537—1993 中 4.2.2 规定的严酷等级为 I 级的冲击耐久试验，试验期间及试验后，装置性能应符合该标准中 5.2 的规定。

4.13.3 碰撞

装置应能承受 GB/T 14537—1993 中 4.3 规定的严酷等级为 I 级的碰撞试验，试验期间及试验后，装置性能应符合该标准中 5.2 的规定。

4.14 结构、外观及其他

4.14.1 机箱尺寸应符合 GB/T 3047.4 的规定。

4.14.2 装置应采取必要的抗电气干扰措施，装置的不带电金属部分应在电气上连成一体，并具备可靠接地点。

4.14.3 装置应有安全标志，安全标志应符合 GB 14598.27—2008 中 5.7.5、5.7.6 的规定。

4.14.4 金属结构件应有防锈蚀措施。

5 试验方法

5.1 试验条件

5.1.1 除另有规定外，各项试验均在 4.1.2 规定的试验的标准大气条件下进行。

5.1.2 被试验装置和测试仪表必须良好接地，并考虑周围环境电磁干扰对测试结果的影响。

5.2 技术性能试验

5.2.1 基本性能试验

a） 各种保护的定值；

b） 各种保护的动作特性；

c） 各种保护的动作时间特性；

d） 装置整组的动作正确性。

5.2.2 其他性能试验

a） 硬件系统自检；

b） 硬件系统时钟功能；

c） 通信及信息显示、输出功能；

d） 开关量输入/输出回路；

e） 数据采集系统的精度和线性度；

f） 定值切换功能。

5.2.3 静态、动态模拟试验

装置通过 5.2.1、5.2.2 各项试验后，根据 4.11 的要求，按照 DL/T 871—2004 的规定，在电力系统静态或动态模拟系统上进行整组试验，或使用继电保护试验装置、仿真系统进行试验。试验结果应满足 4.4、4.5 的规定。

试验项目如下：

a） 变压器内部各种短路、端部各种短路、并经过渡电阻的短路；

b） 各种运行情况下投切变压器；

c） 外部故障及外部故障切除；

d） TA 断线、TV 断线；

e） 断路器失灵；

f） 断路器非全相；

g） 过励磁；

h） 系统振荡并伴随故障；

i） 区外故障转化为区内故障。

5.3 温度试验

根据 4.1.1 a）的要求，按 GB/T 7261—1987 第 12 章规定进行低温试验，按第 13 章规定进行高温试验。在试验过程中施加规定的激励量，温度变差应满足 4.5.3 b）的要求。

5.4 温度贮存试验

装置不包装，不施加激励量，根据 4.1.4 的要求，先按 GB/T 2423.1—1989 中第 9 章的规定进行低温贮存试验，在–25℃时贮存 16h，在室温下恢复 2h 后，再按 GB/T 2423.2—1989 中第 8 章的规定进行高温贮存试验，在+70℃时贮存 16h，在室温下恢复 2h 后，施加激励量进行电气性能检测，装置的性能应符合 4.1.4 的规定。

5.5 功率消耗试验

根据 4.3 的要求，按 GB/T 7261—2000 中第 10 章的规定和方法，对装置进行功率消耗试验。

5.6 过载能力试验

根据 3.6 的要求，按 GB/T 7261—2000 中第 23 章的规定和方法，对装置进行过载能力试验。

5.7 绝缘试验

根据 4.7 的要求，按 GB/T 7261—2000 第 20 章的规定和方法，分别进行绝缘电阻测量、介质强度及冲击电压试验。

5.8 湿热试验

根据 4.8 的规定，在以下两种方法中选择其中一种。

5.8.1 恒定湿热试验

根据 4.8.1 的要求，按 GB/T 2423.9 的规定和方法，对装置进行恒定湿热试验。

5.8.2 交变湿热试验

根据 4.8.2 的要求，按 GB/T 7261—2000 第 21 章的规定和方法，对装置进行交变湿热试验。

5.9 抗电气干扰性能试验

5.9.1 辐射电磁场干扰试验

根据 4.9.1 的要求，按 GB/T 14598.9 的规定和方法，对装置进行辐射电磁场干扰试验。

5.9.2 快速瞬变干扰试验

根据 4.9.2 的要求，按 GB/T 14598.10 的规定和方法，对装置进行快速瞬变干扰试验。

5.9.3 脉冲群干扰试验

根据 4.9.3 的要求，按 GB/T 14598.13 的规定和方法，对装置进行脉冲群干扰试验。

5.9.4 静电放电干扰试验

根据 4.9.4 的要求，按 GB/T 14598.14 的规定和方法，对装置进行静电放电干扰试验。

5.9.5 浪涌（冲击）抗扰度试验

根据 4.9.5 的要求，按 GB/T 17626.5 的规定和方法，对装置进行浪涌（冲击）抗扰度试验。

5.9.6 工频磁场抗扰度试验

根据 4.9.6 的要求，按 GB/T 17626.8 的规定和方法，对装置进行工频磁场抗扰度试验。

5.9.7 射频场感应的传导骚扰抗扰度试验

根据 4.9.7 的要求，按 GB/T 17626.6 的规定和方法，对装置进行射频场感应的传导骚扰抗扰度试验。

5.9.8 脉冲磁场抗扰度试验

根据 4.9.8 的要求，按 GB/T 17626.9 的规定和方法，对装置进行脉冲磁场抗扰度试验。

5.10 直流电源影响试验

根据 4.10 的要求，按 GB/T 7261—2000 中第 15 章的规定和方法，对装置进行电源影响试验。

5.11 连续通电试验

a） 根据 4.12 的要求，装置出厂前应进行连续通电试验；

b） 被试装置只施加直流电源，必要时可施加其他激励量进行功能检测；

c） 试验时间为室温 100h（或 40℃ 72h）。

5.12　机械性能试验

5.12.1　振动试验

根据 4.13.1 的要求，按 GB/T 11287 的规定和方法，对装置进行振动响应和振动耐久试验。

5.12.2　冲击试验

根据 4.13.2 的要求，按 GB/T 14537 的规定和方法，对装置进行冲击响应和冲击耐久试验。

5.12.3　碰撞试验

根据 4.13.3 的要求，按 GB/T 14537 的规定和方法，对装置进行碰撞试验。

5.13　结构和外观检查

按 4.14 及 GB/T 7261—2000 第 4 章的要求逐项进行检查。

6　检验规则

产品检验分出厂检验和型式检验两种。

6.1　出厂检验

每台装置出厂前必须由制造厂的检验部门进行出厂检验，出厂检验在试验的标准大气条件下进行。检验项目见表 2。

6.2　型式检验

型式检验在试验的标准大气条件下进行。

6.2.1　型式检验规定

凡遇下列情况之一，应进行型式检验：

a）　新产品定型鉴定前；

b）　产品转厂生产定型鉴定前；

c）　连续批量生产的装置每四年一次；

d）　正式投产后，如设计、工艺、材料、元器件有较大改变，可能影响产品性能时；

e）　产品停产一年以上又重新恢复生产时；

f）　国家质量技术监督机构或受其委托的质量技术检验部门提出型式检验要求时；

g）　合同规定时。

6.2.2　型式检验项目

型式检验项目见表 2。

表2　型式检验项目

检验项目名称	出厂检验项目	型式检验项目	技术要求章条	试验方法章条
a）结构与外观	√	√	3.14	4.13
b）技术性能	√	√	3.5	4.2
c）功率消耗	√[a]	√	3.3	4.5
d）高温、低温		√	3.1.1a），3.5.3b）	4.3
e）直流电源影响		√	3.10	4.10

表 2（续）

检验项目名称	出厂检验项目	型式检验项目	技术要求章条	试验方法章条
f）静态模拟	√	√	3.11	4.2.3
g）连续通电	√	√	3.12	4.11
h）抗电气干扰		√	3.9	4.9
i）温度贮存		√	3.1.4	4.4
j）耐湿热性能		√	3.8	4.8
k）绝缘性能	√[b]	√	3.7	4.7
l）过载能力		√	3.6	4.6
m）机械性能		√	3.13	4.12
n）动态模拟		√[c]	3.11	4.2.3

[a] 只测交流电流电压功耗，不测直流电源功耗。
[b] 只测绝缘电阻及介质强度，不测冲击电压。
[c] 新产品定型鉴定前做。

6.2.3　型式检验的抽样与判定规则

a）型式检验从出厂检验合格的产品中任意抽取两台作为样品，然后分 A、B 两组进行：A 组样品按 6.2.2 中规定的 a）、b）、c）、d）、e）、f）、g）、h）各项进行检验；B 组样品按 6.2.2 中规定的 i）、j）、k）、l）、m）各项进行检验。

b）样品经过型式检验，未发现主要缺陷，则判定产品本次型式检验合格。检验中如发现有一个主要缺陷，则进行第二次抽样，重复进行型式检验，如未发现主要缺陷，仍判定该产品本次型式检验合格。如第二次抽取的样品仍存在此缺陷，则判定该产品本次型式检验不合格。

c）样品型式检验结果达不到 4.3～4.11 要求中任一条时，均按存在主要缺陷判定。

d）检验中样品出现故障允许进行修复。修复内容，如对已做过检验项目的检验结果没有影响，可继续往下进行检验。反之，受影响的检验项目应重做。

7　标志、包装、运输、贮存

7.1　标志

7.1.1　每台装置必须在机箱的显著部位设置持久明晰的标志或铭牌，标志下列内容：

a）产品型号、名称；

b）制造厂全称及商标；

c）主要参数；

d）对外端子及接口标识；

e）出厂日期及编号。

7.1.2　包装箱上应以不易洗刷或脱落的涂料作如下标记：

a）发货厂名、产品型号、名称；

b）收货单位名称、地址、到站；

c） 包装箱外形尺寸（长×宽×高）及毛重；

d） 包装箱外面书写“防潮”、“向上”、“小心轻放”等字样；

e） 包装箱外面应规定叠放层数。

7.1.3 标志标识，应符合 GB 191 的规定。

7.1.4 产品执行的标准应予以明示。

7.1.5 安全设计标志应按 GB 16836 的规定明示。

7.2 包装

7.2.1 产品包装前的检查

a） 产品合格证书和装箱清单中各项内容应齐全；

b） 产品外观无损伤；

c） 产品表面无灰尘。

7.2.2 包装的一般要求

产品应有内包装和外包装，插件插箱的可动部分应锁紧扎牢，包装应有防尘、防雨、防水、防潮、防震等措施。包装完好的装置应满足 4.1.4 规定的贮存运输要求。

7.3 运输

产品应适于陆运、空运、水运（海运），运输装卸按包装箱的标志进行操作。

7.4 贮存

长期不用的装置应保留原包装，在 4.1.4 规定的条件下贮存。贮存场所应无酸、碱、盐及腐蚀性、爆炸性气体和灰尘以及雨、雪的侵害。

8 其他

用户在遵守本标准及产品说明书所规定的运输、贮存条件下，装置自出厂之日起，至安装不超过两年，如发现装置和配套件非人为损坏，制造厂应负责免费维修或更换。

1000kV 变压器保护装置技术要求

编　制　说　明

目　次

1　编制背景 ······ 75
2　编制主要原则及思路 ······ 75
3　主要工作过程 ······ 75
4　标准结构及内容 ······ 76

随着电网技术的飞速发展，特高压交流输电技术也日益成熟，特高压交流输电技术应用前景广阔，但目前尚无完整的特高压交流输电标准体系。推动特高压交流输电领域的标准化工作，对确保特高压交流试验示范工程的顺利投运以及未来特高压交流输电技术的发展均具有重要意义。

1　编制背景

1.1　以往变压器保护装置标准已经不能满足特高压交流输电系统的要求，不能作为特高压变压器保护装置科研、设计、制造、试验、施工和运行的依据。目前，国内外尚无完整的 1000kV 变压器保护装置技术要求的相关标准。

1.2　应针对 1000kV 交流特高压系统变压器的实际情况编制相关保护的标准。

1.3　2007 年 9 月 18 日，国家电网公司电力调度通信中心在北京组织召开了特高压交流二次系统（保护与控制）技术标准编写工作协调会，对特高压技术标准工作提出了明确、具体的要求，并下发文件《关于印发特高压交流二次系统技术标准编写第一次工作会纪要的通知》（调综〔2007〕231）。会议确定了各标准的主要起草单位、参加编写单位以及编写工作人员，明确了工作分工、方式和计划安排。其中，《1000kV 变压器保护装置技术要求》编制工作组由国家电网公司电力调度通信中心负责，国网电力科学研究院牵头，单位参加包括南京南瑞继保电气有限公司、国网电力科学研究院、中国电力科学研究院、北京四方继保自动化股份有限公司、国电南京自动化股份有限公司、许继电气股份有限公司、华中电力调度通信中心、国家电网公司特高压建设部等。

2　编制主要原则及思路

2.1　2007 年初，在晋东南—南阳—荆门 1000kV 特高压交流试验示范工程建设中逐步形成了该工程的二次系统技术条件，在此技术条件中规定了特高压工程中所使用的变压器保护的配置要求和技术要求以及一些通用的技术要求。

2.2　在常规继电保护装置相关标准和技术条件的基础上，充分考虑特高压系统的自身特点，对变压器保护装置的技术性能提出了更高的要求。

2.3　本标准规定 1000kV 特高压交流系统变压器保护装置的基本技术要求、试验方法及检验规则等，为 1000kV 特高压交流系统变压器保护装置的科研、设计、制造、施工和运行等有关部门共同遵守的基本技术原则。

3　主要工作过程

3.1　2007 年 4 月，确立编研工作总体目标，构建组织机构，确定参编单位及其人员，开展课题前期研究工作。

3.2　2007 年 6 月，编写标准大纲，并将电子版提交编写组成员修改。

3.3　2007 年 9 月，国家电网公司电力调度通信中心在北京组织召开了特高压交流二次系统（保护与控制）技术标准讨论会，对标准大纲进行详细讨论。

3.4　2007 年 10 月，国网电力科学研究院根据编写组成员意见编制标准讨论稿，并将电子版提交编写组成员，编写组成员提出修改意见。

3.5　2007 年 11 月，召开了编写工作组第一次工作会议，会议对工作组各成员提出的修订意见进行了充分的讨论。会后，由国网电力科学研究院汇总大家的意见，形成了标准的征求意见稿交国调广泛征求意见。

3.6　2008 年 1 月，工作组召开第二次会议，邀请专家对标准初稿进行评审，与会专家对标准初稿进行了认真审议，在肯定初稿满足审议要求的前提下，提出了主要修改意见。

3.7　2008 年 1 月，编写组根据评审意见对标准再次进行认真修改，形成了标准报批稿。

4　标准结构及内容

标准主要结构及内容如下：

4.1　目次；

4.2　前言；

4.3　标准正文共设 8 章：范围，规范性引用文件，术语，技术要求，试验方法，检验规则，标志、包装、运输、贮存，其他。

国家电网公司企业标准

1000kV 电抗器保护装置技术要求

Specification for 1000kV reactor protection equipment

Q/GDW 326—2009

目　次

前言 ······ 79
1　范围 ······ 80
2　规范性引用文件 ······ 80
3　技术要求 ······ 81
4　试验方法 ······ 87
5　检验规则 ······ 90
6　标志、包装、运输、储存 ······ 91
7　其他 ······ 92
编制说明 ······ 93

前　　言

本标准规定了 1000kV 特高压交流系统电抗器保护装置的基本技术要求、试验方法及检验规则等，为 1000kV 特高压交流系统电抗器保护装置的科研、设计、制造、施工和运行等有关部门共同遵守的基本技术原则。

本标准由国家电网公司科技部归口。

本标准由国家电力调度通信中心提出并负责解释。

本标准主要起草单位：国家电网公司电力调度通信中心、中国电力科学研究院、南京南瑞继保电气有限公司、国网电力科学研究院、许继电气股份有限公司、北京四方继保自动化股份有限公司、国电南京自动化股份有限公司、河南省电力调度通信中心、国家电网公司特高压建设部。

本标准主要起草人：吕鹏飞、周泽昕、詹荣荣、文继锋、余高旺、屠黎明、王峰、刘华、李斌。

1000kV 电抗器保护装置技术要求

1　范围

本标准规定了 1000kV 电抗器保护装置的基本技术要求、试验方法、检验规则及对标志、包装、运输、储存的要求。

本标准适用于 1000kV 电抗器保护装置（以下简称为装置），作为该类装置设计、制造、检验和应用的依据。

2　规范性引用文件

下列文件中的条款通过本标准的引用而成为本标准的条款。凡是注日期的引用文件，其随后所有的修改单（不包括勘误的内容）或修订版均不适用于本标准，然而，鼓励根据本标准达成协议的各方研究是否可使用这些文件的最新版本。凡是不注日期的引用文件，其最新版本适用于本标准。

GB 191—2008　包装储运图示标志

GB/T 2423.3—1993　电工电子产品基本环境试验规程　试验 Ca：恒定湿热试验方法（eqv IEC 60068-2-3：1969）

GB/T 2900.17—1994　电工术语　电气继电器（eqv IEC 60050-446：1997）

GB/T 2900.49—2004　电力系统保护　术语（IEC 60050-448：1995，IDT）

GB/T 7268—2005　电力系统二次回路控制、保护装置用插箱及插件面板基本尺寸系列

GB/T 7261—2000　继电器及装置基本试验方法

GB/T 9361—1988　计算站场地安全要求

GB/T 11287—2000　电气继电器　第 21 部分：量度继电器和保护装置的振动、冲击、碰撞和地震试验　第 1 篇：振动试验（正弦）（idt IEC 60255-21-1：1988）

GB/T 14285—2006　继电保护和安全自动装置技术规程

GB/T 14537—1993　量度继电器和保护装置的冲击和碰撞试验（idt IEC 60255-21-2：1988）

GB/T 14598.9—2002　电气继电器　第 22-3 部分：量度继电器和保护装置的电气骚扰试验　辐射电磁场骚扰试验（IEC 60255-22-3：2000，IDT）

GB/T 14598.10—2007　电气继电器　第 22-4 部分：量度继电器和保护装置的电气骚扰试验　电快速瞬变/脉冲群抗扰度试验（IEC 60255-22-4：2002，IDT）

GB/T 14598.13—2008　量度继电器和保护装置的电气干扰试验　第 1 部分：1MHz 脉冲群干扰试验（eqv IEC 60255-22-1：1988）

GB/T 14598.14—1998　量度继电器和保护装置的电气干扰试验　第 2 部分：静电放电试验（idt IEC 60255-22-2：1996）

GB/T 14598.16—2002　电气继电器　第 25 部分：量度继电器和保护装置的电磁发射试验（IEC 60255-25：2000，IDT）

GB/T 14598.17—2005　电气继电器　第 22-6 部分：量度继电器和保护装置的电气骚扰试验——射频场感应的传导骚扰抗扰度试验（IEC 60255-22-6：2001）

GB/T 14598.18—2007　电气继电器　第 22-5 部分：量度继电器和保护装置的电气骚扰试验——浪涌抗扰度试验（IEC 60255-22-5：2002，IDT）

GB/T 14598.19—2007　电气继电器　第 22-7 部分：量度继电器和保护装置的电气骚扰试验——工频抗扰度试验（IEC 60255-22-7：2003，IDT）

GB 14598.27—2008　量度继电器和保护装置安全设计的一般要求

GB/T 17626.8—2006　电磁兼容　试验和测量技术　工频磁场抗扰度试验（idt IEC 61000-4-8：1993）

GB/T 17626.9—2006　电磁兼容　试验和测量技术　脉冲磁场抗扰度试验（idt IEC 61000-4-9：1993）

DL/T 667—1999　远动设备及系统　第 5 部分：传输规约　第 103 篇：继电保护设备信息接口配套标准（idt IEC 60870-5-103：1997）

DL/T 871—2004　电力系统继电保护产品动模试验

3　技术要求

3.1　环境条件

3.1.1　正常工作大气条件

a） 环境温度：-10℃～+55℃；

b） 相对湿度：5%～95%（产品内部，既不应凝露，也不应结冰）；

c） 大气压力：70kPa～106kPa。

3.1.2　试验的标准大气条件

a） 环境温度：15℃～35℃；

b） 相对湿度：45%～75%；

c） 大气压力：86kPa～106kPa。

3.1.3　仲裁试验的标准大气条件

a） 环境温度：20℃±2℃；

b） 相对湿度：45%～75%；

c） 大气压力：86kPa～106kPa。

3.1.4　储存、运输极限环境温度

装置的储存、运输允许的环境温度为-25℃～+70℃，相对湿度不大于 85%，在不施加任何激励量的条件下，不出现不可逆变化。温度恢复后，装置性能符合 4.8、4.9、4.10 的规定。

3.1.5　周围环境

装置的使用地点应无爆炸危险、无腐蚀性气体及导电尘埃、无严重霉菌、无剧烈振动源；不存在超过 4.12 规定的电气干扰；有防御雨、雪、风、沙、尘埃及防静电措施；场地应符合 GB 9361—1988 中 B 类安全要求，接地电阻应符合 GB/T 2887—2000 中 4.4 的

规定。

3.1.6　特殊环境条件

当超出 4.1.1～4.1.5 规定的环境条件时，由用户与制造厂商定。

3.2　额定电气参数

3.2.1　直流电源

a）　额定电压：220V、110V；

b）　允许偏差：–20%～+15%；

c）　纹波系数：不大于 5%。

3.2.2　交流回路

a）　交流电流：1A；

b）　交流电压：100V、100/$\sqrt{3}$ V；

c）　频率：50Hz。

3.3　功率消耗

a）　交流电流回路：在额定电流下（包括中线回路负荷）每相不大于 0.5VA；

b）　交流电压回路：当额定电压时，每相不大于 0.5VA；

c）　直流电源回路：当正常工作时，不大于 50W；当装置动作时，不大于 80W。

3.4　整套装置的主要功能

3.4.1　装置应具有独立性、完整性、成套性。在成套装置内应含有被保护设备所必需的保护功能。

3.4.2　非电气量保护宜独立于电气量保护，瞬时出口或经装置延时后出口，装置应反映其信号。

3.4.3　保护装置应具有在线自动检测功能，包括保护装置硬件损坏、功能失效、二次回路异常运行状态的自动检测。装置任一元件损坏后，自动检测回路应能发出告警或装置异常信号，并给出有关信息指明损坏元件的所在位置，至少应能将故障定位至模块（插件）。保护装置任一元件（出口继电器除外）损坏时，装置不应误动作。

3.4.4　装置应具有独立的启动元件，只有在电力系统发生扰动时，才允许开放出口跳闸回路。

3.4.5　保护装置必须具有故障记录功能，以记录保护的动作过程，为分析保护的动作行为提供详细、全面的数据信息。并且能以 COMTRADE 数据格式输出上传至保护和故障信息管理子站。应能至少记录 32 次故障记录，所有故障记录按时序循环覆盖；应能保存最新的 8 次跳闸报告。保护装置应保证发生故障时不丢失故障记录信息，在装置直流电源消失时不丢失已经记录的信息，记录不可人为清除；应能记录故障时的输入模拟量和开关量、输出开关量、动作元件、动作时间、相别。

3.4.6　保护装置应按时间顺序记录事件信息，如开关变位、开入量变位、压板切换、定值修改、定值切换等。每一类事件至少记录 32 次。在装置直流电源消失时不丢失已经记录的信息；所有事件记录按时序循环覆盖；记录不可人为清除。

3.4.7　保护装置中央信号的触点在直流电源消失后应能自保持，只有当运行人员复归后，信号触点才能返回，人工复归应能在装置外部实现。

3.4.8　装置中不同种类保护功能应设置方便的投入和退出功能。

3.4.9　保护装置的定值应满足保护功能的要求，应尽可能做到简单、易理解、易整定；电流定值可整定范围应在 $0.1I_n$～$40I_n$，其他定值整定的范围应满足工程需要。

3.4.10　装置每一个独立逆变稳压电源的输入应具有独立的保险功能，并设有失电报警。

3.4.11　保护装置应能输出装置本身的自检信息及动作时间，动作时间报告，动作采样值数据报告，开入、开出和内部状态信息，定值报告等。

3.4.12　装置的所有引出端子不允许与装置的 CPU 及 A/D 的工作电源系统有直接电气联系。针对不同回路，应分别采用光电耦合、继电器转接、带屏蔽层的变压器磁耦合等隔离措施。

3.4.13　保护装置应具有硬件时钟电路，装置在失去直流电源时，硬件时钟应能正常工作。保护装置应具有与外部标准授时源的 IRIG–B 对时接口。

3.4.14　保护装置应提供三个通信接口（包括以太网或 RS–485 口、调试接口、打印接口）。通信数据格式应符合 DL/T 667 标准规约，并宜提供必要的功能软件，如通信软件、定值整定辅助软件、故障记录分析软件、调试辅助软件等。

3.4.15　保护装置的直流工作电源，应保证在外部电源为 80%～115%额定电压、纹波系数不大于 5%的条件下可靠工作。拉、合装置直流电源或直流电压缓慢下降及上升时，装置不应误动。直流电源消失时，应有输出触点以启动告警信号。直流电源恢复时，装置应能自动恢复工作。

3.4.16　保护装置应有足够的跳闸触点以跳开相应的断路器，保护装置的跳闸触点应保证断路器可靠动作切除故障，故障消失后跳闸触点的返回时间应不大于 30ms。

3.4.17　非电量出口跳闸继电器，其启动电压应在 55%～70%直流电源电压之间，动作功率不小于 5W。

3.5　保护配置要求

配置双重化的主、后备保护一体高抗电气量保护和一套非电量保护。

3.5.1　主保护

a）　主电抗器差动保护；

b）　主电抗器零序差动保护；

c）　主电抗器匝间保护。

3.5.2　主电抗器后备保护

a）　主电抗器过电流保护；

b）　主电抗器零序过流保护；

c）　主电抗器过负荷保护。

3.5.3　中性点电抗器后备保护

a）　中性点电抗器过电流保护；

b）　对于母线电抗器，无中性点电抗器后备保护、中断路器相关出口和启动远方跳闸保护出口。

c）　中性点电抗器过负荷保护。

注：中性点电抗器过流、过负荷保护，优先采用主电抗器末端三相电流。

3.6　保护的主要技术性能

3.6.1　差动保护

3.6.1.1 采用分相差动保护，动作时间≤30ms。整定值应该是连续可调的。保护动作瞬时断开 1000kV 线路断路器。

3.6.1.2 保护装置不应受暂态电流的影响而产生误动作，电流互感器二次回路断线时，差动保护应能够发出断线告警信号，不要求闭锁差动保护。

3.6.1.3 在全相或非全相振荡过程中及振荡中线路上发生故障时，保护装置不应误动。

3.6.1.4 应该具有足够的灵敏度，在绕组内部距中性点匝数大于等于 10%处发生接地故障时，保护应可靠动作。

3.6.1.5 两套差动保护原理允许不同。两套差动保护具有相同的保护范围及基本要求。

3.6.2 匝间短路保护：当电抗器发生大于等于 3%匝间短路故障时，匝间短路保护应瞬时动作；匝间短路保护所用的零序电流应为自产零序电流。断路器非全相运行时，健全相若发生匝间短路，保护应正确动作。

3.6.3 过电流保护：由具有定时限特性的三相电流元件构成，保护延时动作。

a） 电流元件整定范围：$0.05I_n$～$2.0I_n$，I_n 指电流互感器额定电流；

b） 时间元件整定范围：0.2s～10s。

3.6.4 过负荷保护：采用具有定时限特性的电流元件，保护延时发告警信号。

a） 电流元件整定范围：$0.05I_N$～$2.0I_N$，I_N 指电流互感器额定电流；

b） 时间元件整定范围：0.1s～10s。

3.6.5 并联电抗器瓦斯、压力释放等保护。

a） 非电量保护包括重瓦斯、轻瓦斯、压力释放、油位低、油温过高等保护。重瓦斯、压力释放、油温过高、绕组温度过高等保护，动作后独立出口，断开线路断路器，并发信；轻瓦斯、油位低等信号动作发告警信号。

b） 非电量保护不启动断路器失灵保护。

3.6.6 接地电抗器保护。

3.6.6.1 采用具有定时限特性的电流元件。保护动作延时发告警信号。

a） 电流元件整定范围：$0.1I_n$～$1.0I_n$；

b） 时间元件整定范围：0.1s～10s。

3.6.6.2 接地电抗器瓦斯、压力释放等保护。

重瓦斯、压力释放、油温高等信号启动独立的跳闸出口单元，断开线路断路器，并发信。轻瓦斯、油位异常等信号发告警信号。

3.6.7 主保护（差动保护和匝间保护）和后备保护应采用同一套保护装置实现。

3.6.8 保护装置的整定值误差小于 5%；装置中的时间元件的误差应小于 3%。

3.6.9 保护用的交流电压回路断线或短路，保护不应误动作，并发出告警信号。电流互感器二次回路短路或开路，保护应有检测功能，并发出告警信号。

3.6.10 测量元件的准确度。

a） 整定误差：小于±5%。

b） 温度变差：在工作环境范围内相对于 20℃±2℃时，不超过±2.5%。

c） 时间元件误差：小于 3%。

3.6.11 装置自身时钟精度。

装置时钟精度：24h 不超过±2s；经过时钟同步后相对误差不大于±1ms。

3.7　过载能力

a）　交流电流回路：2 倍额定电流，连续工作；
　　　　　　　　　10 倍额定电流，允许 10s；
　　　　　　　　　40 倍额定电流，允许 1s。

b）　交流电压回路：1.2 倍额定电压，连续工作；
　　　　　　　　　1.4 倍额定电压，允许 10s。

装置经过上述要求的过载后，应无绝缘损坏，并能符合本标准 3.8、3.9 的要求。

3.8　绝缘性能

3.8.1　绝缘电阻

在试验的标准大气条件下，装置的外引带电回路部分和外露非带电金属部分及外壳之间，以及电气上无联系的各回路之间，装置的各电路对外露的导电件之间，各独立电路之间（每个独立电路的端子连接在一起），用 500V 的直流绝缘电阻表测量其绝缘电阻值，应不小于 100MΩ。

3.8.2　介质强度

a）　在试验的标准大气条件下，装置应能承受频率为 50Hz，历时 1min 的工频耐压试验而无击穿闪络及元器件损坏现象；

b）　工频试验电压值按表 1 选择。也可以采用直流试验电压，其值应为规定的工频试验电压值的 1.4 倍；

表 1　试验电压规定值　　单位：V

被试回路	额定绝缘电压	试验电压
整机引出端子和背板线—地	＞63～250	2000
直流输入回路—地	＞63～250	2000
交流输入回路—地	＞63～250	2000
信号输出触点—地	＞63～250	2000
无电气联系的各回路之间	＞63～250	2000
整机带电部分—地	≤63	500

c）　试验过程中，任一被试回路施加电压时其余回路等电位互联接地。

3.8.3　冲击电压

在试验的标准大气条件下，装置的直流输入回路、交流输入回路、信号输出触点等诸回路对地，以及回路之间，应能承受 1.2/50μs 的标准雷电波的短时冲击电压试验。当额定绝缘电压大于 63V 时，开路试验电压为 5kV；当额定绝缘电压不大于 63V 时，开路试验电压为 1kV。试验后，装置的性能应符合 3.4、3.6 的规定。

3.9　耐湿热性能

根据试验条件和使用环境，在以下两种方法中选择其中一种。

3.9.1　恒定湿热

装置应能承受 GB/T 2423.9 规定的恒定湿热试验。试验温度为 40℃±2℃，相对湿度为（93±3）%，试验持续时间 48h。在试验结束前 2h 内，用 500V 直流绝缘电阻表，测量各外引带电回路部分对外露非带电金属部分及外壳之间以及电气上无联系的各回路之间的绝缘电阻值应不小于 10MΩ；介质强度不低于 3.8.2 规定的介质强度试验电压值的 75%。

3.9.2　交变湿热

装置应能承受 GB/T 7261—1987 第 21 章规定的交变湿热试验。试验温度为 40℃±2℃，相对湿度为（93±3）%，试验时间为 48h，每一周期历时 24h。在试验结束前 2h 内，用 500V 直流绝缘电阻表，测量各外引带电回路部分对外露非带电金属部分及外壳之间，以及电气上无联系的各回路之间的绝缘电阻应不小于 10MΩ；介质强度不低于 3.8.2 规定的介质强度试验电压值的 75%。

3.10　抗电气干扰性能（电磁兼容要求）

3.10.1　脉冲群干扰

装置应能承受 GB/T 14598.13—1998 规定的频率为 1MHz 及 100kHz 脉冲群干扰试验，第一个半波电压幅值共模为 2.5kV，差模为 1.0kV。试验期间及试验后，装置性能应符合该标准中 3.4 的规定。

3.10.2　静电放电干扰

装置应能承受 GB/T 14598.14—1998 第 4 章规定的严酷等级为Ⅳ级的静电放电干扰试验。试验期间及试验后，装置性能应符合该标准中 4.6 的规定。

3.10.3　辐射电磁场骚扰

装置应能承受 GB/T 14598.9—2002 第 4 章规定的严酷等级为Ⅲ级的辐射电磁场骚扰试验。试验期间及试验后，装置性能应符合该标准中 4.5 的规定。

3.10.4　电快速瞬变抗扰度

装置应能承受 GB/T 14598.10—2007 第 4 章规定的严酷等级为Ⅳ级的电快速瞬变抗扰度试验。试验期间及试验后，装置性能应符合该标准中 4.6 的规定。

3.10.5　浪涌抗扰度

装置应能承受 GB/T 14598.18—2007 第 4 章规定的严酷等级为Ⅲ级的浪涌抗扰度试验，试验期间及试验后，装置性能应符合该标准中 4.5 的规定。

3.10.6　射频场感应的传导骚扰抗扰度

装置应能承受 GB/T 14598.17—2005 第 4 章规定的严酷等级为Ⅲ级的射频场感应的传导骚扰抗扰度试验，试验期间及试验后，装置性能应符合该标准中 3.4 的规定。

3.10.7　工频磁场抗扰度

装置应能承受 GB/T 17626.8—2006 第 5 章规定的严酷等级为Ⅴ级的工频磁场抗扰度试验。试验期间及试验后，装置性能应符合该标准中 4.6 的规定。

3.10.8　脉冲磁场抗扰度

装置应能承受 GB/T 17626.9—1998 第 5 章规定的严酷等级为Ⅴ级的脉冲磁场抗扰度试验。试验期间及试验后，装置性能应符合该标准中 4.6 的规定。

3.11　直流电源影响

a）在试验的标准大气条件下，分别改变 3.2.1 中规定的极限参数，装置应可靠工作，性能及参数符合 3.4、3.6 的规定；

b）按 GB/T 7261—1987 中第 15 章的规定进行直流电源中断 20ms 影响试验，装置不应误动；

c） 装置加上电源、断电、电源电压缓慢上升或缓慢下降，装置均不应误动作或误发信号。当电源恢复正常后，装置应自动恢复正常运行。

3.12 静态模拟、动态模拟

装置应进行静态模拟、动态模拟试验。在各种故障类型下，装置动作行为应正确，信号指示应正常，应符合 3.4、3.6 的规定。

3.13 连续通电

装置完成调试后，出厂前应进行连续通电试验。试验期间，装置工作应正常，信号指示应正确，不应有元器件损坏，或其他异常情况出现。试验结束后，性能指标应符合 3.4、3.6 的规定。

3.14 机械性能

3.14.1 振动（正弦）

a） 振动响应

装置应能承受 GB/T 11287—2000 中 3.2.1 规定的严酷等级为 I 级的振动响应试验，试验期间及试验后，装置性能应符合该标准中 5.1 的规定。

b） 振动耐久

装置应能承受 GB/T 11287—2000 中 3.2.2 规定的严酷等级为 I 级的振动耐久试验，试验期间及试验后，装置性能应符合该标准中 5.2 的规定。

3.14.2 冲击

a） 冲击响应

装置应能承受 GB/T 14537—1993 中 4.2.1 规定的严酷等级为 I 级的冲击响应试验，试验期间及试验后，装置性能应符合该标准中 5.1 的规定。

b） 冲击耐久

装置应能承受 GB/T 14537—1993 中 4.2.2 规定的严酷等级为 I 级的冲击耐久试验，试验期间及试验后，装置性能应符合该标准中 5.2 的规定。

3.14.3 碰撞

装置应能承受 GB/T 14537—1993 中 4.3 规定的严酷等级为 I 级的碰撞试验，试验期间及试验后，装置性能应符合该标准中 5.2 的规定。

3.15 结构、外观及其他

3.15.1 机箱尺寸应符合 GB/T 3047.4 的规定。

3.15.2 装置应采取必要的抗电气干扰措施，装置的不带电金属部分应在电气上连成一体，并具备可靠接地点。

3.15.3 装置应有安全标志，安全标志应符合 GB 16836—1997 中 5.7.5、5.7.6 的规定。

3.15.4 金属结构件应有防锈蚀措施。

4 试验方法

4.1 试验条件

4.1.1 除另有规定外，各项试验均在 3.1.2 规定的试验的标准大气条件下进行。

4.1.2 被试验装置和测试仪表必须良好接地，并考虑周围环境电磁干扰对测试结果的影响。

4.2　技术性能试验

4.2.1　基本性能试验

a）各种保护的定值；

b）各种保护的动作特性；

c）各种保护的动作时间特性；

d）装置整组的动作正确性。

4.2.2　其他性能试验

a）硬件系统自检；

b）硬件系统时钟功能；

c）通信及信息显示、输出功能；

d）开关量输入/输出回路；

e）数据采集系统的精度和线性度；

f）定值切换功能。

4.2.3　静态、动态模拟试验

装置通过 4.2.1、4.2.2 各项试验后，根据 3.12 的要求，按照 DL/T 871—2004 的规定，在电力系统静态或动态模拟系统上进行整组试验，或使用继电保护试验装置、仿真系统进行试验。试验结果应满足 3.4、3.6 的规定。

试验项目如下：

a）区内单相接地，两相短路接地，两相短路和三相短路时的动作行为；

b）区外单相接地，两相短路接地，两相短路和三相短路时的动作行为；

c）区内转换性故障时的动作行为；

d）区内转区外或区外转区内各种转换性故障时装置的动作行为；

e）线路非全相运行中电抗器再故障时装置的动作行为；

f）电抗器内部匝间短路；

g）投入无故障及故障电抗器；

h）装置在电力系统振荡过程中的性能；

i）电流回路断线对装置的影响；

j）电压回路断线对装置的影响；

k）非电量保护重动继电器性能测试（包括动作功率、动作电压）。

4.3　温度试验

根据 3.1.1 a）的要求，按 GB/T 7261—2000 第 11 章规定进行低温试验，按第 12 章规定进行高温试验。在试验过程中施加规定的激励量，温度变差应满足 3.6.10 b）的规定。

4.4　温度储存试验

按 GB/T 7261—2000 第 21 章规定的方法进行试验，试验后装置的性能应符合 3.1.4 的规定。

4.5　功率消耗

根据 3.3 的要求，按 GB/T 7261—2000 第 9 章的规定和方法，对装置进行功率消耗试验。

4.6　过载能力试验

根据 3.7 的要求，按 GB/T 7261—2000 第 22 章规定和方法，对装置进行过载能力试验。

4.7　绝缘试验

根据 3.8 的要求，按 GB/T 7261—2000 第 19 章规定的方法，分别进行绝缘电阻测量、介质强度及冲击电压试验。

4.8　湿热试验

根据 3.9 的规定，在以下两种方法中选择其中一种。

4.8.1　恒定湿热试验

根据 3.9.1 的要求，按 GB/T 2423.3—1993 的规定和方法，对装置进行恒定湿热试验。

4.8.2　交变湿热试验

根据 3.9.2 的要求，按 GB/T 7261—2000 第 20 章的规定和方法，对装置进行交变湿热试验。

4.9　抗电气干扰性能试验（电磁兼容试验）

4.9.1　脉冲群干扰试验

根据 3.10.1 的要求，按 GB/T 14598.13—1998 中规定的方法进行，对装置进行脉冲群干扰试验。

4.9.2　静电放电干扰试验

根据 3.10.2 的要求，按 GB/T 14598.14—1998 中规定的方法进行，对装置进行静电放电干扰试验。

4.9.3　辐射电磁场骚扰试验

根据 3.10.3 的要求，按 GB/T 14598.9—2002 中规定的方法进行，对装置进行辐射电磁场骚扰试验。

4.9.4　电快速瞬变抗扰度试验

根据 3.10.4 的要求，按 GB/T 14598.10—2007 中规定的方法进行，对装置进行电快速瞬变抗扰度试验。

4.9.5　浪涌抗扰度试验

根据 3.10.5 的要求，按 GB/T 14598.18—2007 中规定的方法进行，对装置进行浪涌抗扰度试验。

4.9.6　射频场感应的传导骚扰抗扰度试验

根据 3.10.6 的要求，按 GB/T 14598.17—2005 中规定的方法进行，对装置进行射频场感应的传导骚扰抗扰度试验。

4.9.7　工频磁场抗扰度试验

根据 3.10.7 的要求，按 GB/T 17626.9—1998 中规定的方法进行，对装置进行工频磁场抗扰度试验。

4.9.8　脉冲磁场抗扰度试验

根据 3.10.8 的要求，按 GB/T 17626.9—1998 中规定的方法进行，对装置进行脉冲磁场抗扰度试验。

4.10　直流电源影响试验

根据 3.11 的要求，按 GB/T 7261—2000 第 14 章和第 15 章规定的方法，对装置进行电源影响试验。

4.11　连续通电试验

a）　根据 3.13 的要求，装置出厂前应进行连续通电试验；

b） 被试装置只施加直流电源，必要时可施加其他激励量进行功能检测；

c） 试验时间为室温 100h（或 40℃，72h）。

4.12 机械性能试验

4.12.1 振动试验

根据 3.14.1 的要求，按 GB/T 11287—2000 的规定和方法，对装置进行振动响应和振动耐久试验。

4.12.2 冲击试验

根据 3.14.2 的要求，按 GB/T 14537—1993 的规定和方法，对装置进行冲击响应和冲击耐久试验。

4.12.3 碰撞试验

根据 3.14.3 的要求，按 GB/T 14537—1993 的规定和方法，对装置进行碰撞试验。

4.13 结构和外观检查

按 3.15 及 GB/T 7261—2000 第 5 章的要求逐项进行检查。

5 检验规则

产品检验分出厂检验和型式检验两种。

5.1 出厂检验

每台装置出厂前必须由制造厂的检验部门进行出厂检验，出厂检验在试验的标准大气条件下进行。检验项目见表 2。

表2 检 验 项 目

检验项目名称	“出厂检验”项目	“型式检验”项目	“技术要求”章条	“试验方法”章条
a）结构与外观	√	√	3.15	4.13
b）技术性能	√	√	3.6	4.2
c）功率消耗	√[a]	√	3.3	4.5
d）高温、低温		√	3.1.1a)，3.6.10b）	4.3
e）直流电源影响		√	3.11	4.10
f）静态模拟	√	√	3.12	4.2.3
g）连续通电	√	√	3.13	4.11
h）抗电气干扰		√	3.10	4.9
i）温度储存		√	3.1.4	4.4
j）耐湿热性能		√	3.9	4.8
k）绝缘性能	√[b]	√	3.8	4.7
l）过载能力		√	3.7	4.6
m）机械性能		√	3.14	4.12
n）动态模拟		√[c]	3.12	4.2.3

[a] 只测交流电流电压功耗，不测直流电源电压功耗。
[b] 只测绝缘电阻及介质强度，不测冲击电压。
[c] 新产品定型鉴定前做。

5.2　型式检验

型式检验在试验的标准大气条件件下进行。

5.2.1　型式检验规定

凡遇下列情况之一，应进行型式检验：

a） 新产品定型鉴定前；

b） 产品转厂生产定型鉴定前；

c） 连续批量生产的装置每四年一次；

d） 正式投产后，如设计、工艺、材料、元器件有较大改变，可能影响产品性能时；

e） 产品停产一年以上又重新恢复生产时；

f） 国家质量技术监督机构或受其委托的质量技术检验部门提出型式检验要求时；

g） 合同规定时。

5.2.2　型式检验项目

型式检验项目见表 2。

5.2.3　型式检验的抽样与判定规则

a） 型式检验从出厂检验合格的产品中任意抽取两台作为样品，然后分 A、B 两组进行：
A 组样品按 5.2.2 中规定的 a）、b）、c）、d）、e）、f）、g）、h）各项进行检验；
B 组样品按 5.2.2 中规定的 i）、j）、k）、l）、m）各项进行检验。

b） 样品经过型式检验，未发现主要缺陷，则判定产品本次型式检验合格。检验中如发现有一个主要缺陷，则进行第二次抽样，重复进行型式检验，如未发现主要缺陷，仍判定该产品本次型式检验合格。如第二次抽取的样品仍存在此缺陷，则判定该产品本次型式检验不合格。

c） 样品型式检验结果达不到 3.3～3.12 要求中任一条时，均按存在主要缺陷判定。

d） 检验中样品出现故障允许进行修复。修复内容，如对已做过检验项目的检验结果没有影响，可继续往下进行检验。反之，受影响的检验项目应重做。

6　标志、包装、运输、储存

6.1　标志

6.1.1　每台装置必须在机箱的显著部位设置持久明晰的标志或铭牌，标志下列内容：

a） 产品型号、名称；

b） 制造厂全称及商标；

c） 主要参数；

d） 对外端子及接口标识；

e） 出厂日期及编号。

6.1.2　包装箱上应以不易洗刷或脱落的涂料作如下标记：

a） 发货厂名、产品型号、名称；

b） 收货单位名称、地址、到站；

c） 包装箱外形尺寸（长×宽×高）及毛重；

d） 包装箱外面书写“防潮”、“向上”、“小心轻放”等字样；

e） 包装箱外面应规定叠放层数。

6.1.3 标志标识，应符合 GB 191—2000 的规定。

6.1.4 产品执行的标准应予以明示。

6.1.5 安全设计标志应按 GB 16836—2003 的规定明示。

6.2 包装

6.2.1 产品包装前的检查

a） 产品合格证书和装箱清单中各项内容应齐全；

b） 产品外观无损伤；

c） 产品表面无灰尘。

6.2.2 包装的一般要求

产品应有内包装和外包装，插件插箱的可动部分应锁紧扎牢，包装应有防尘、防雨、防水、防潮、防震等措施。包装完好的装置应满足 3.1.4 规定的储存运输要求。

6.3 运输

产品应适于陆运、空运、水运（海运），运输装卸按包装箱的标志进行操作。

6.4 储存

长期不用的装置应保留原包装，在 3.1.4 规定的条件下储存。储存场所应无酸、碱、盐及腐蚀性、爆炸性气体和灰尘以及雨、雪的侵害。

7 其他

在用户遵守本标准及产品说明书所规定的运输、储存条件下，装置自出厂之日起，至安装不超过两年，如发现装置和配套件非人为损坏，制造厂应负责免费维修或更换。

1000kV 电抗器保护装置技术要求

编 制 说 明

目 次

1 编制背景……95
2 编制主要原则及思路……95
3 主要工作过程……95
4 标准结构及内容……96
5 标准主要条款的说明……96

特高压交流输电应用前景广阔，但目前尚无完整的特高压交流输电标准体系。推动特高压交流输电领域的标准化工作，对确保特高压交流试验示范工程的顺利投运以及未来特高压交流输电技术的发展均具有重要意义。

1　编制背景

1.1　以往电抗器保护装置没有专门的标准作为该类装置科研、设计、制造、试验、施工和运行的依据。

1.2　应针对 1000kV 交流特高压系统电抗器的实际情况编制相关保护标准。

1.3　2007 年 9 月 18 日，国家电网公司电力调度通信中心在北京组织召开了特高压交流二次系统（保护与控制）技术标准编写工作协调会，并下发文件《关于印发特高压交流二次系统技术标准编写第一次工作会纪要的通知》（调综〔2007〕231）。会议确定了各标准的主要起草单位、参加编写单位以及编写工作人员，明确了工作分工、方式和计划安排。其中，《1000kV 电抗器保护装置技术要求》（以下简称“标准”）编制工作组由国家电网公司电力调度通信中心负责，中国电力科学研究院牵头，包括南京南瑞继保电气有限公司、许继电气股份有限公司、北京四方继保自动化股份有限公司、国电南京自动化股份有限公司和河南省电力公司等单位参加。

2　编制主要原则及思路

2.1　结合国家电网公司特高压输变电工程关键技术课题“1000kV 特高压输变电试验示范工程二次设备技术规范的研究”，以所提交的研究报告《晋东南—南阳—荆门 1000kV 特高压交流试验示范工程二次系统技术条件》作为标准编制基础。

2.2　根据所承担的国家电网公司科技项目“1000kV 交流系统动态模拟及继电保护试验研究”中 1000kV 电抗器保护动模试验的研究成果，规定 1000kV 电抗器保护的具体技术指标。

2.3　在常规继电保护装置相关标准和技术条件的基础上，针对特高压交流输电对安全可靠性的高要求，对 1000kV 电抗器装置的一般功能要求进行了适当提高。

2.4　根据科研、设计的相关研究成果，规定了 1000kV 电抗器保护装置的电气性能要求。

3　主要工作过程

3.1　2007 年 4 月，确立编研工作总体目标，构建组织机构，确定参编单位及其人员，开展课题前期研究工作。

3.2　2007 年 5 月，收集整理相关科研课题的研究成果作为标准编制基础。

3.3　2007 年 6 月，编写标准大纲，并将电子版提交编写组成员修改。

3.4　2007 年 9 月，国家电网公司电力调度通信中心在北京组织召开了特高压交流二次系统（保护与控制）技术标准，对标准大纲进行详细讨论。

3.5　2007 年 10 月，中国电力科学研究院根据编写组成员意见编制标准讨论稿，并将电子版提交编写组成员，编写组成员提出修改意见。

3.6　2007 年 11 月，召开了编写工作组第一次工作会议，会议对工作组各成员提出的修订意见进行了充分的讨论。会后，由电力科学研究院汇总大家的意见，形成了标准的征求意见稿交国家电网公司电力调度通信中心广泛征求意见。

3.7　2008 年 1 月，工作组召开第二次会议，邀请专家对标准初稿进行评审，与会专家对标准初稿进行了认真审议，在肯定初稿满足审议要求的前提下，提出了主要修改意见。

3.8　2008 年 1 月，工作组根据评审意见对标准再次进行认真修改，形成了标准报批稿。

4　标准结构及内容

标准主要结构及内容如下：

4.1　目次；

4.2　前言；

4.3　标准正文共设 7 章：范围，规范性引用文件，技术要求，试验方法，检验规则，标志、包装、运输、储存，其他；

4.4　编制说明。

5　标准主要条款的说明

5.1　故障记录功能

本标准明确规定了故障记录次数和跳闸报告保存次数，见 3.4.2“应能至少记录 32 次故障记录，故障记录按时序循环覆盖，但应能保存最新的 8 次跳闸报告”。

5.2　事件记录功能

本标准明确规定了事件记录次数，见 3.4.3“装置应按时间顺序记录事件信息，如开关变位、压板切换等开入量变位事件，以及保护定值切换、保护投停的控制字变位至少记录 32 次”。

5.3　自检信息

本标准明确了自检信息的有关规定，见 3.4.4“自检信息如装置硬件损坏、TA 断线、TV 断线等信息至少记录 32 次。在装置直流电源消失时不丢失已经记录的信息”。

5.4　定值

为了便于用户整定定值，本标准提出了“宜由用户输入电抗器参数自动形成定值”，见 3.4.8。

5.5　跳闸触点

本标准提出了跳闸触点的有关规定，见 3.4.14“装置应有足够的跳闸触点以跳开相应的断路器，装置的跳闸触点应保证断路器可靠动作切除故障，故障消失后跳闸触点的返回时间应不大于 30ms。

5.6　主保护、后备保护及非电量保护

本标准规定了主保护、后备保护及非电量保护的组成。见 3.5.1、3.5.2、3.5.3。

5.7　保护的主要技术性能

本标准 3.6 节中，详细规定了差动保护、匝间短路保护、过电流保护、过电流保护、过负荷保护、非电量保护、中性点电抗器保护的技术性能和具体指标。

5.8　保护的电气性能、机械性能要求

本标准自 3.8 节至 3.14 节，对装置电气性能、机械性能要求等方面做出规定，包括过载能力、绝缘性能、耐湿热性能、抗电气干扰性能、直流电源影响、动态模拟、连续通

电、机械性能。

5.9 试验方法

本标准自 4.2 节至 4.12 节，详细规定了装置检验的试验方法，包括技术性能试验、电气性能试验、机械性能试验，并明确了试验后装置应满足的技术要求。

国家电网公司企业标准

1000kV 线路保护装置技术要求

Specification for 1000kV transmission line protection equipment

Q/GDW 327—2009

目　　次

前言 …… 100
1　范围 …… 101
2　规范性引用文件 …… 101
3　技术要求 …… 102
4　试验方法 …… 110
5　检验规则 …… 113
6　标志、包装、运输、贮存 …… 114
7　其他 …… 115
编制说明 …… 116

前 言

本标准规定了 1000kV 特高压交流系统线路保护装置的基本技术要求、试验方法及检验规则等，为 1000kV 特高压交流系统线路保护装置的科研、设计、制造、施工和运行等有关部门共同遵守的基本技术原则。

本标准由国家电网公司科技部归口。

本标准由国家电力调度通信中心提出并负责解释。

本标准主要起草单位：国家电力调度通信中心、中国电力科学研究院、南京南瑞继保电气有限公司/国网南京自动化研究院、北京四方继保自动化股份有限公司、许继电器股份有限公司、国电南自电气有限公司、华北电力调度通信中心、国家电网公司特高压建设部。

本标准主要起草人：程道、张晓莉、周泽昕、周春霞、郑玉平、徐振宇、李瑞生、王峰、张岩、李斌。

1000kV 线路保护装置技术要求

1 范围

本标准规定了特高压输电线路继电保护装置的基本技术要求、试验方法、检验规则及对标志、包装、运输、贮存的要求。

本标准适用于 1000kV 输电线路微机型继电保护装置（以下简称为装置），作为该类装置设计、制造、检验和应用的依据。

2 规范性引用文件

下列文件中的条款通过本标准的引用而成为本标准的条款。凡是注日期的引用文件，其随后所有的修改单（不包括勘误的内容）或修订版均不适用于本标准，然而，鼓励根据本标准达成协议的各方研究是否可使用这些文件的最新版本。凡是不注日期的引用文件，其最新版本适用于本标准。

GB 191—2000 包装储运图示标志

GB/T 2423.3—1993 电工电子产品基本环境试验规程 试验 Ca：恒定湿热试验方法（eqv IEC 60068–2–3：1969）

GB/T 2900.17—1994 电工术语 电气继电器（eqv IEC 60050–446：1997）

GB/T 2900.49—2004 电力系统保护 术语（IEC 60050–448：1995，IDT）

GB/T 7261—2008 继电器及装置基本试验方法

GB/T 7268—2005 电力系统二次回路控制、保护装置用插箱及插件面板基本尺寸系列

GB/T 9361—1988 计算站场地安全要求

GB/T 11287—2000 电气继电器 第 21 部分：量度继电器和保护装置的振动、冲击、碰撞和地震试验 第 1 篇：振动试验（正弦）（idt IEC 60255–21–1：1988）

GB/T 14285—2006 继电保护和安全自动装置技术规程

GB/T 14537—1993 量度继电器和保护装置的冲击和碰撞试验（idt IEC 60255–21–2：1988）

GB/T 14598.9—2002 电气继电器 第 22–3 部分：量度继电器和保护装置的电气骚扰试验 辐射电磁场骚扰试验 IEC 60255–22–3：2000，IDT）

GB/T 14598.10—2007 电气继电器 第 22–4 部分：量度继电器和保护装置的电气骚扰试验 电快速瞬变/脉冲群抗扰度试验（IEC 60255–22–4：2002，IDT）

GB/T 14598.13—1998 量度继电器和保护装置的电气干扰试验 第 1 部分：1MHz 脉冲群干扰试验（eqv IEC 60255–22–1：1988）

GB/T 14598.14—1998 量度继电器和保护装置的电气干扰试验 第 2 部分：静电放电试验（idt IEC 60255–22–2：1996）

GB/T 14598.16—2002 电气继电器 第 25 部分：量度继电器和保护装置的电磁发射试验（IEC 60255-25：2000，IDT）

GB/T 14598.17—2005 电气继电器 第 22-6 部分：量度继电器和保护装置的电气骚扰试验—射频场感应的传导骚扰抗扰度试验（IEC 60255-22-6：2001）

GB/T 14598.18—2007 电气继电器 第 22-5 部分：量度继电器和保护装置的电气骚扰试验—浪涌抗扰度试验（IEC 60255-22-5：2002，IDT）

GB/T 14598.19—2007 电气继电器 第 22-7 部分：量度继电器和保护装置的电气骚扰试验—工频抗扰度试验（IEC 60255-22-7：2003，IDT）

GB/T 17626.8—2006 电磁兼容 试验和测量技术 工频磁场抗扰度试验（idt IEC 61000-4-8：1993）

GB/T 17626.9—1998 电磁兼容 试验和测量技术 脉冲磁场抗扰度试验（idt IEC 61000-4-9：1993）

GB 16836—2003 量度继电器和保护装置安全设计的一般要求

DL/T 667—1999 远动设备及系统 第 5 部分：传输规约 第 103 篇：继电保护设备信息接口配套标准（idt IEC 60870-5-103：1997）

DL/T 871—2004 电力系统继电保护产品动模试验

3 技术要求

3.1 环境条件

3.1.1 正常工作大气条件

a） 环境温度：–10℃～+55℃；

b） 相对湿度：5%～95%（产品内部，既不应凝露，也不应结冰）；

c） 大气压力：86kPa～106kPa；70kPa～106kPa。

3.1.2 试验的标准大气条件

a） 环境温度：15℃～35℃；

b） 相对湿度：45%～75%；

c） 大气压力：86kPa～106kPa。

3.1.3 仲裁试验的标准大气条件

a） 环境温度：+20℃±2℃；

b） 相对湿度：45%～75%；

c） 大气压力：86kPa～106kPa。

3.1.4 贮存、运输极限环境温度

装置的贮存、运输允许的环境温度为–25℃～+70℃，相对湿度不大于 85%，在不施加任何激励量的条件下，不出现不可逆变化。温度恢复后，装置性能符合 3.4、3.6、3.8 的规定。

3.1.5 周围环境

装置的使用地点应无爆炸危险、无腐蚀性气体及导电尘埃、无严重霉菌、无剧烈振动源；不存在超过 3.9 规定的电气干扰；有防御雨、雪、风、沙、尘埃及防静电措施；场地应符合 GB 9361—1988 中 B 类安全要求，接地电阻应符合 GB/T 2887—2000《电子计算机

场地通用规范》中 4.4 的规定。

3.1.6 特殊环境条件

当超出 3.1.1～3.1.5 规定的环境条件时，由用户与制造厂商定。

3.2 额定电气参数

3.2.1 直流电源

a） 额定电压：220V、110V；

b） 允许偏差：–20%～+15%；

c） 纹波系数：不大于 5%。

3.2.2 交流回路

a） 交流电流：1A；

b） 交流电压：100V、100/$\sqrt{3}$ V；

c） 频率：50Hz。

3.3 功率消耗

a） 交流电流回路：每相不大于 0.5VA；

b） 交流电压回路：当额定电压时，每相不大于 0.5VA；

c） 直流电源回路：当正常工作时，不大于 50W；当装置动作时，不大于 80W。

3.4 整套装置的主要功能

3.4.1 装置应具有独立性、完整性、成套性，应含有输电线路必需的能反映各种故障的保护功能。

3.4.2 保护装置应具有在线自动检测功能，包括保护装置硬件损坏、功能失效、二次回路异常运行状态的自动检测。装置任一元件损坏后，自动检测回路应能发出告警或装置异常信号，并给出有关信息指明损坏元件的所在位置，至少应能将故障定位至模块（插件）。保护装置任一元件（出口继电器除外）损坏时，装置不应误动作。

3.4.3 装置应具有独立的启动元件，只有在电力系统发生扰动时，才允许开放出口跳闸回路。

3.4.4 保护装置必须具有故障记录功能，以记录保护的动作过程，为分析保护的动作行为提供详细、全面的数据信息，并且能以 COMTRADE 数据格式输出上传至保护和故障信息管理子站。应能至少记录 32 次故障记录，所有故障记录按时序循环覆盖；应能保存最新的 8 次跳闸报告。保护装置应保证发生故障时不丢失故障记录信息，在装置直流电源消失时不丢失已经记录的信息，记录不可人为清除；应能记录故障时的输入模拟量和开关量、输出开关量、动作元件、动作时间、相别。

3.4.5 保护装置应按时间顺序记录正常操作信息，如开关变位、开入量变位、压板切换、定值修改、定值切换等。每一类事件至少记录 32 次。在装置直流电源消失时不丢失已经记录的信息，所有事件记录按时序循环覆盖，记录不可人为清除。

3.4.6 保护装置中央信号的触点在直流电源消失后应能自保持，只有当运行人员复归后，信号触点才能返回，人工复归应能在装置外部实现。

3.4.7 保护装置的定值应满足保护功能的要求，应尽可能做到简单、易理解、易整定；定值需改变时，应设置不少于 8 套可切换的定值。电流定值可整定范围应在 $0.05I_n$～$15I_n$，其他定值整定的范围应满足工程需要。

3.4.8　保护装置应能输出装置本身的自检信息及动作时间，动作采样值数据，开入、开出和内部状态信息，定值报告等。

3.4.9　保护装置应提供三个通信接口（包括以太网或 RS485 口、调试接口、打印接口）。通信数据格式应符合 DL/T 667—1999 标准规约，并宜提供必要的功能软件，如通信软件、定值整定辅助软件、故障记录分析软件、调试辅助软件等。

3.4.10　保护装置应具有硬件时钟电路，装置在失去直流电源时，硬件时钟应能正常工作。保护装置应具有与外部标准授时源的 IRIG–B 对时接口。

3.4.11　保护装置的直流工作电源，应保证在外部电源为 80%～115%额定电压、纹波系数不大于 5%的条件下可靠工作。拉、合装置直流电源或直流电压缓慢下降及上升时，装置不应误动。直流电源消失时，应有输出接点以启动告警信号。直流电源恢复时，装置应能自动恢复工作。

3.4.12　保护装置应有足够的跳闸触点以跳开相应的断路器，保护装置的跳闸接触点应保证断路器可靠动作切除故障，故障消失后跳闸触点的返回时间应不大于 30ms。

3.5　装置的功能配置

3.5.1　主保护和后备保护：

a）主保护采用分相电流差动保护或纵联距离保护，每套保护均应具有完整的后备保护功能，主保护与后备保护由同一套保护装置实现。

b）主后备保护应完全双重化配置，即交直流回路、跳闸回路、保护通道都应彼此独立，且分别装设在两块保护屏内。

c）保护装置应配置快速反应近端严重故障的、不依赖于通道的快速距离保护。

d）线路纵联保护的通道采用光纤通道。

e）光纤距离保护应具有弱馈功能。

f）后备保护应配有完整的三段式相间距离保护和接地距离保护，接地距离保护应分相跳闸。

g）配置一段带延时段的定时限零序方向过流保护和一段反时限零序方向过流保护以保护高阻接地故障。

h）零序功率方向元件采用自产零序电压。

3.5.2　重合闸：

a）若采用常规重合闸，则重合闸功能由断路器保护完成，线路保护的常规重合闸功能退出。

b）作为电网中枢的特高压同塔双回线路，其安全可靠的运行对电力系统的稳定性非常重要，为了降低重合于出口严重永久故障及跨线故障对系统的冲击，特高压输电线路可采用按相顺序重合方式。操作箱采用分相合闸操作箱。对于双断路器接线方式，重合闸按线路配置，按相顺序重合闸逻辑判别及延时在线路保护中完成，断路器保护根据线路保护的指令以及断路器操作机构的工况完成按相顺序重合闸出口功能，按相顺序重合闸间隔不宜超过 0.2s，按正相序排列（A→B→C→A），两套线路保护均可配置重合闸装置，运行时，宜投运一套线路保护的重合闸装置。

3.5.3　远跳就地判别装置：

每套线路保护需配置一套远跳就地判别装置，就地判别装置与过电压保护合用。每回线路各侧的就地判别装置按双重化、“一取一”的跳闸逻辑配置。

3.6 保护功能的主要技术性能

保护应能达到下面的性能指标。本标准未规定的指标由下级标准规定。

3.6.1 动作时间：

a） 主保护动作时间（不包括通道传输时间）：光纤分相电流差动主保护整组动作时间≤30ms；光纤距离保护在金属性故障时整组动作时间应≤30ms；近端严重故障出口故障动作时间≤20ms。

b） 后备保护动作时间（含出口继电器时间）：

——距离Ⅰ段（0.7 倍整定值）：≤30ms。

3.6.2 暂态超越：

距离Ⅰ段暂态超越：应＜±5%。

3.6.3 精确工作范围：

——电压：（0.01～1.1）U_N；

——电流：（0.05～20）I_N或（0.1～40）I_N。

3.6.4 测量元件特性的准确度：

a） 测量误差：不超过±2.5%。

b） 温度变差：在正常工作环境温度范围内，相对于+20℃±2℃时，不超过±2.5%。

3.6.5 装置自身时钟精度：

装置时钟精度：24h 不超过±2s；经过时钟同步后相对误差不大于±1ms。

3.6.6 在线路空载、轻载、满载等各种状态下，保护范围内发生金属性和非金属性故障（包括单相接地、两相接地、两相不接地短路、三相短路）时，保护应能正确动作。

3.6.7 每套保护均应有独立的选相功能，并有单相和三相跳闸逻辑回路。除本标准明确规定的可以三相跳闸的情况外，单相故障时应正确选择故障相，后备距离保护应能分相跳闸。

3.6.8 在保护范围外发生金属性和非金属性故障（包括单相接地、两相接地、两相不接地短路、三相短路等）时，装置不应误动。

3.6.9 对于区内外转换性故障，保护应能可靠切除区内故障。保护装置应具备联跳三相功能，线路发生故障时，保护动作且开关跳三相，向对侧发联跳三相信号。收到联跳三相信号，中止发送联跳三相信号。收到联跳三相信号且本侧保护动作后，强制性三跳。

3.6.10 在外部故障切除、功率倒向及系统操作等情况下，保护不应误动作。

3.6.11 线路处于空充状态时，主保护应能动作切除故障。

3.6.12 非全相运行时保护装置不应误动，非全相运行发生故障时，应能瞬时动作跳三相。

3.6.13 手动合闸或自动重合于故障线路时，保护装置应可靠瞬时三相跳闸，单相故障单相跳开后，重合于故障时，保护装置应加速跳闸；手动合闸或自动重合于无故障线路时，保护装置应可靠不动作。

3.6.14 当系统在全相或非全相振荡过程中，保护装置均应将可能误动的保护元件可靠闭锁；当系统在全相或非全相振荡中被保护线路发生各种内部故障时，保护应有选择地可靠切除故障。系统全相振荡时，外部不对称故障或系统操作时，保护不应误动。

3.6.15 系统发生经高过渡电阻单相接地故障时，对于分相电流差动保护，当故障点电流>800A 时，保护应能选相动作切除故障；对于光纤距离保护，当零序电流（$3I_0$）>300A 时，保护应能选相动作切除故障。

3.6.16 保护装置在保护范围末端经小过渡电阻相间故障时应具有抗静态超越的能力。

3.6.17 保护装置在反方向出口经小过渡电阻相间故障时，距离保护不应发生误动作；在反方向出口经小电阻三相短路时，当残压不超过 5%额定电压时，距离保护不应发生误动作。

3.6.18 保护装置应能根据电压电流量判别线路运行状态，以实现线路非全相状态的判别和重合后加速跳闸。

3.6.19 在由分布电容、并联电抗器、变压器（励磁涌流）、高压直流输电设备和串联补偿电容等所产生的稳态和暂态的谐波分量和直流分量的影响下，保护装置不应误动作或拒动。光纤电流差动保护应对电容电流进行补偿。

3.6.20 保护装置在电压互感器二次回路断线时应发出告警信号，并闭锁可能误动的保护，保护装置在电流互感器二次回路一相或二相断线时，应发出告警信号。保护装置应适用于线路两侧使用不同变比电流互感器的情况。

3.6.21 当因电流互感器饱和，波形维持正确传变时间>5ms 时，区内故障应瞬时正确动作，区外故障不应误动。

3.6.22 系统发生频率偏移在±2Hz 时，发生各种区外故障时，保护装置不应误动。

3.6.23 按相重合闸技术要求：

a） 按相顺序重合闸按线路配置。

b） 线路保护综合两回线的信息，完成双回线的按相顺序重合闸功能，断路器保护根据线路保护的重合闸指令并结合断路器自身重合条件完成按相顺序重合闸出口功能。

c） 按相顺序重合闸应能可靠避免重合于可能的跨相永久故障及近处严重故障。

d） 当发生通道异常、TV 断线等异常情况时，线路保护的按相顺序重合闸应能自动转为常规重合闸方式，该方式即为线路保护预设的常规重合闸方式，此时若断路器保护的按相顺序重合闸不退出，则断路器保护应仍根据线路保护的重合指令重合，若断路器保护的按相顺序重合闸退出，此时断路器保护按预设的常规重合闸方式独立工作。一回线三相跳闸或有三相 TWJ 应闭锁该回线的按相顺序重合闸功能。

3.6.24 保护通道：

a） 保护装置与通道接口设备之间采用光缆连接。

b） 通道接口设备与通信设备之间采用 ITU–T 2Mbit/s G703 协议。

c） 应具有对复用光纤通道的监视功能，当通道中断时应能发出告警信号，应闭锁与通道有关的保护。

3.6.25 保护装置应能可靠起动失灵保护，直到故障切除，电流元件返回为止。

3.6.26 保护装置的输出接点应能满足双断路器及一个半断路器接线方式下启动/闭锁重合闸、启动断路器失灵保护的需要。

3.6.27　保护装置单相及三相跳闸时，应分别有独立的、足够的输出接点，供启动计算机监控信号、远动信号、事件记录以及安全自动装置。

3.6.28　远跳就地判别装置：

3.6.28.1　就地故障判别装置应保证在相邻线路末端故障，且本侧中断路器失灵时，具有足够的灵敏度。

3.6.28.2　远跳及过电压保护出口应分开，并且出口应装设有连接片。

3.6.28.3　远跳保护装置输出接点应满足控制两台断路器的要求。

3.6.28.4　远方跳闸：

a）远方跳闸应采用就地判据，即收到对侧保护发来的远方跳闸信号，且本侧就地判据动作才允许跳闸。

b）就地判据应采用综合电流变化量元件、零负序电流元件、有补偿功能的综合电压元件、低功率元件等。低功率因数判据因电流小于精工电流时，判低功率因数元件动作，低功率因数的最小精工电流应不大于 50mA。

3.6.28.5　过电压保护：

a）过电压保护按相装设。应能在线路出现任何危及设备绝缘的工频过电压时，断开有关的断路器。

b）在系统正常运行或系统暂态过程的干扰下不应误动作。

c）过电压保护应能适用于电容式电压互感器。过电压保护的返回系数应＞0.98。

d）过电压保护动作后，可选择“经”或“不经”本侧断路器的跳闸位置状态控制发远跳信号，使线路对侧断路器跳闸。

e）过电压保护远方跳闸信号的发送和接受，与失灵保护、电抗器保护共用。

3.7　过载能力

a）交流电流回路：2 倍额定电流时，连续工作；10 倍额定电流时，允许工作 10s；40 倍额定电流时，允许工作 1s。

b）交流电压回路：1.2 倍额定电压时，连续工作；1.4 倍额定电压时，允许工作 10s。

装置经受电流电压过载后，应无绝缘损坏，并符合 3.8、3.9 的规定。

3.8　绝缘性能

3.8.1　绝缘电阻

在试验的标准大气条件下，装置的外引带电回路部分和外露非带电金属部分及外壳之间，以及电气上无联系的各回路之间，装置的各电路对外露的导电件之间，各独立电路之间（每个独立电路的端子连接在一起），用 500V 的直流绝缘电阻表测量其绝缘电阻值，应不小于 100MΩ。

3.8.2　介质强度

a）在试验的标准大气条件下，装置应能承受频率为 50Hz，历时 1min 的工频耐压试验而无击穿闪络及元器件损坏现象；

b）工频试验电压值按表 1 选择，也可以采用直流试验电压，其值应为规定的工频试验电压值的 1.4 倍；

c）试验过程中，任一被试回路施加电压时其余回路等电位互联接地。

表 1 工频试验电压值 V

被试回路	额定绝缘电压	试验电压
整机引出端子和背板线—地	＞63～250	2000
直流输入回路—地	＞63～250	2000
交流输入回路—地	＞63～250	2000
信号输出触点—地	＞63～250	2000
无电气联系的各回路之间	＞63～250	2000
整机带电部分—地	≤63	500

3.8.3 冲击电压

在试验的标准大气条件下，装置的直流输入回路、交流输入回路、信号输出触点等诸回路对地，以及回路之间，应能承受 1.2/50μs 的标准雷电波的短时冲击电压试验。当额定绝缘电压＞63V 时，开路试验电压为 5kV；当额定绝缘电压≤63V 时，开路试验电压为 1kV。试验后，装置的性能应符合 3.4、3.6 的规定。

3.9 耐湿热性能

根据试验条件和使用环境，在以下两种方法中选择其中一种。

3.9.1 恒定湿热

装置应能承受 GB/T 2423.3—1993 规定的恒定湿热试验。试验温度为+40℃±2℃，相对湿度为（93±3）%，试验持续时间为 48h。在试验结束前 2h 内，用 500V 直流绝缘电阻表，测量各外引带电回路部分对外露非带电金属部分及外壳之间，以及电气上无联系的各回路之间的绝缘电阻值应≥10MΩ；介质强度不低于 3.8.2 规定的介质强度试验电压值的 75%。

3.9.2 交变湿热

装置应能承受 GB/T 7261—2008 第 20 章规定的交变湿热试验。试验温度为+40℃±2℃，相对湿度为（93±3）%，试验时间为 48h，每一周期历时 24h。在试验结束前 2h 内，用 500V 直流绝缘电阻表，测量各外引带电回路部分对外露非带电金属部分及外壳之间，以及电气上无联系的各回路之间的绝缘电阻应≥10MΩ；介质强度不低于 3.8.2 规定的介质强度试验电压值的 75%。

3.10 抗电气干扰性能（电磁兼容要求）

3.10.1 脉冲群干扰

装置应能承受 GB/T 14598.13—1998 规定的频率为 1MHz 及 100kHz 脉冲群干扰试验，第一个半波电压幅值共模为 2.5kV，差模为 1.0kV。试验期间及试验后，装置性能应符合该标准中 3.4 的规定。

3.10.2 静电放电干扰

装置应能承受 GB/T 14598.14—1998 第 4 章规定的严酷等级为Ⅳ级的静电放电干扰试验。试验期间及试验后，装置性能应符合该标准中 4.6 的规定。

3.10.3 辐射电磁场骚扰

装置应能承受 GB/T 14598.9—2002 第 4 章规定的严酷等级为Ⅲ级的辐射电磁场骚扰

试验。试验期间及试验后，装置性能应符合该标准中 4.5 的规定。

3.10.4　电快速瞬变抗扰度

装置应能承受 GB/T 14598.10—2007 第 4 章规定的严酷等级为Ⅳ级的电快速瞬变抗扰度试验。试验期间及试验后，装置性能应符合该标准中 4.6 的规定。

3.10.5　浪涌抗扰度

装置应能承受 GB/T 14598.18—2007 第 4 章规定的严酷等级为Ⅲ级的浪涌抗扰度试验，试验期间及试验后，装置性能应符合该标准中 4.5 的规定。

3.10.6　射频场感应的传导骚扰抗扰度

装置应能承受 GB/T 14598.17—2005 第 4 章规定的严酷等级为Ⅲ级的射频场感应的传导骚扰抗扰度试验，试验期间及试验后，装置性能应符合该标准中 3.4 的规定。

3.10.7　工频磁场抗扰度

装置应能承受 GB/T 17626.8—2006 第 5 章规定的严酷等级为Ⅴ级的工频磁场抗扰度试验。试验期间及试验后，装置性能应符合该标准中 4.6 的规定。

3.10.8　脉冲磁场抗扰度

装置应能承受 GB/T 17626.9—1998 第 5 章规定的严酷等级为Ⅴ级的脉冲磁场抗扰度试验。试验期间及试验后，装置性能应符合该标准中 4.6 的规定。

3.11　直流电源影响

a）在试验的标准大气条件下，分别改变 3.2.1 中规定的极限参数，装置应可靠工作，性能及参数符合 3.4、3.6 的规定；

b）按 GB/T 7261—2008 中第 15 章的规定进行直流电源中断 20ms 影响试验，装置不应误动；

c）装置加上电源、断电、电源电压缓慢上升或缓慢下降，装置均不应误动作或误发信号。当电源恢复正常后，装置应自动恢复正常运行。

3.12　静态模拟、动态模拟

装置应进行静态模拟、动态模拟试验。在各种故障类型下，装置动作行为应正确，信号指示应正常，应符合 3.4、3.6 的规定。

3.13　连续通电

装置完成调试后，出厂前应进行连续通电试验。试验期间，装置工作应正常，信号指示应正确，不应有元器件损坏或其他异常情况出现。试验结束后，性能指标应符合 3.4、3.6 的规定。

3.14　机械性能

3.14.1　振动（正弦）

3.14.1.1　振动响应。

装置应能承受 GB/T 11287—2000 中 3.2.1 规定的严酷等级为Ⅰ级的振动响应试验，试验期间及试验后，装置性能应符合该标准中 5.1 的规定。

3.14.1.2　振动耐久。

装置应能承受 GB/T 11287—2000 中 3.2.2 规定的严酷等级为Ⅰ级的振动耐久试验，试验期间及试验后，装置性能应符合该标准中 5.2 的规定。

3.14.2　冲击

3.14.2.1　冲击响应。

装置应能承受 GB/T 14537—1993 中 4.2.1 规定的严酷等级为Ⅰ级的冲击响应试验，试验期间及试验后，装置性能应符合该标准中 5.1 的规定。

3.14.2.2　冲击耐久。

装置应能承受 GB/T 14537—1993 中 4.2.2 规定的严酷等级为Ⅰ级的冲击耐久试验，试验期间及试验后，装置性能应符合该标准中 5.2 的规定。

3.14.3　碰撞

装置应能承受 GB/T 14537—1993 中 4.3 规定的严酷等级为Ⅰ级的碰撞试验，试验期间及试验后，装置性能应符合该标准中 5.2 的规定。

3.15　结构、外观及其他

3.15.1　机箱尺寸应符合 GB/T 3047.4 的规定。

3.15.2　装置应采取必要的抗电气干扰措施，装置的不带电金属部分应在电气上连成一体，并具备可靠接地点。

3.15.3　装置应有安全标志，安全标志应符合 GB 16836—2003 中 5.7.5、5.7.6 的规定。

3.15.4　金属结构件应有防锈蚀措施。

4　试验方法

4.1　试验条件

4.1.1　除另有规定外，各项试验均在 3.1.2 规定的试验的标准大气条件下进行。

4.1.2　被试验装置和测试仪表必须良好接地，并考虑周围环境电磁干扰对测试结果的影响。

4.2　技术性能试验

4.2.1　基本性能试验

a）各种保护的定值；

b）各种保护的动作特性；

c）各种保护的动作时间特性；

d）装置整组的动作正确性。

4.2.2　其他性能试验

a）硬件系统自检；

b）硬件系统时钟功能；

c）通信及信息显示、输出功能；

d）开关量输入输出回路；

e）数据采集系统的精度和线性度；

f）定值切换功能。

4.2.3　静态、动态模拟试验

装置通过 4.2.1、4.2.2 各项试验后，根据 3.12 的要求，按照 DL/T 871—2004 的规定，在电力系统静态或动态模拟系统上进行整组试验，或使用继电保护试验装置、仿真系统进行试验。试验结果应满足 3.4、3.6 的规定。

试验项目如下：

a） 区内单相接地，两相短路接地，两相短路和三相短路时的动作行为；
b） 区外和反向单相接地，两相短路接地，两相短路和三相短路时的动作行为；
c） 区内转换性故障时的动作行为；
d） 暂态超越；
e） 装置的选相性能；
f） 非全相运行中再故障的动作行为；
g） 手合在空载线上及合环时装置的行为，拉合空载变压器时装置的行为；
h） 手合在永久性故障线上装置的动作行为；
i） 装置和重合闸配合工作时，在瞬时性和永久性故障条件下的动作行为；
j） 电压回路断线或短路对装置的影响；
k） 在接入线路电压互感器条件下，线路两侧开关跳开后以及合闸时装置的行为；
l） 允许式或闭锁式全线速动保护，在各种类型故障以及区外故障功率倒向时的动作行为；
m） 装置在电力系统振荡过程中的性能；
n） 区内转区外或区外转区内各种转换性故障时装置的动作行为。

4.3 温度试验

根据 3.1.1 a）的要求，按 GB/T 7261—2008 第 11 章规定进行低温试验，按第 12 章规定进行高温试验。在试验过程中施加规定的激励量，温度变差应满足 3.6.4 b）的要求。

4.4 温度贮存试验

按 GB/T 7261—2008 第 21 章规定的方法进行试验，试验后装置的性能应符合 3.1.4 的规定。

4.5 功率消耗试验

根据 3.3 的要求，按 GB/T 7261—2008 第 9 章的规定和方法，对装置进行功率消耗试验。

4.6 过载能力试验

根据 3.7 的要求，按 GB/T 7261—2008 第 22 章规定和方法，对装置进行过载能力试验。

4.7 绝缘试验

根据 3.8 的要求，按 GB/T 7261—2008 第 19 章规定的方法，分别进行绝缘电阻测量、介质强度及冲击电压试验。

4.8 湿热试验

根据 3.9 的规定，在以下两种方法中选择其中一种。

4.8.1 恒定湿热试验

根据 3.9.1 的要求，按 GB/T 2423.3—1993 的规定和方法，对装置进行恒定湿热试验。

4.8.2 交变湿热试验

根据 3.9.2 的要求，按 GB/T 7261—2008 第 20 章的规定和方法，对装置进行交变湿热试验。

4.9 抗电气干扰性能试验（电磁兼容试验）

4.9.1 脉冲群干扰试验

根据 3.10.1 的要求，按 GB/T 14598.13—1998 的规定和方法，对装置进行脉冲群干扰试验。

4.9.2 静电放电干扰试验

根据 3.10.2 的要求，按 GB/T 14598.14—1998 中规定和方法，对装置进行静电放电干扰试验。

4.9.3 辐射电磁场骚扰试验

根据 3.10.3 的要求，按 GB/T 14598.9—2002 中规定和方法，对装置进行辐射电磁场骚扰试验。

4.9.4 电快速瞬变抗扰度试验

根据 3.10.4 的要求，按 GB/T 14598.10—2007 中规定和方法，对装置进行电快速瞬变抗扰度试验。

4.9.5 浪涌抗扰度试验

根据 3.10.5 的要求，按 GB/T 14598.18—2007 中规定和方法，对装置进行浪涌抗扰度试验。

4.9.6 射频场感应的传导骚扰抗扰度试验

根据 3.10.6 的要求，按 GB/T 14598.17—2005 中规定和方法，对装置进行射频场感应的传导骚扰抗扰度试验。

4.9.7 工频磁场抗扰度试验

根据 3.10.7 的要求，按 GB/T 17626.9—1998 中规定和方法，对装置进行工频磁场抗扰度试验。

4.9.8 脉冲磁场抗扰度试验

根据 3.10.8 的要求，按 GB/T 17626.9—1998 中规定和方法，对装置进行脉冲磁场抗扰度试验。

4.10 直流电源影响试验

根据 3.11 的要求，按 GB/T 7261—2000 第 14 章和第 15 章规定的方法，对装置进行电源影响试验。

4.11 连续通电试验

a） 根据 3.13 的要求，装置出厂前应进行连续通电试验；

b） 被试装置只施加直流电源，必要时可施加其他激励量进行功能检测；

c） 试验时间为室温 100h（或 40℃ 72h）。

4.12 机械性能试验

4.12.1 振动试验

根据 3.14.1 的要求，按 GB/T 11287—2000 的规定和方法，对装置进行振动响应和振动耐久试验。

4.12.2 冲击试验

根据 3.14.2 的要求，按 GB/T 14537—1993 的规定和方法，对装置进行冲击响应和冲击耐久试验。

4.12.3 碰撞试验

根据 3.14.3 的要求，按 GB/T 14537—1993 的规定和方法，对装置进行碰撞试验。

4.13 结构和外观检查

按 3.15 及 GB/T 7261—2000 第 5 章的要求逐项进行检查。

5 检验规则

产品检验分出厂检验和型式检验两种。

5.1 出厂检验

每台装置出厂前必须由制造厂的检验部门进行出厂检验，出厂检验在试验的标准大气条件下进行。检验项目见表 2。

5.2 型式检验

型式检验在试验的标准大气条件下进行。

5.2.1 型式检验规定

凡遇下列情况之一，应进行型式检验：

a） 新产品定型鉴定前；

b） 产品转厂生产定型鉴定前；

c） 连续批量生产的装置每四年一次；

d） 正式投产后，如设计、工艺、材料、元器件有较大改变，可能影响产品性能时；

e） 产品停产一年以上又重新恢复生产时；

f） 国家质量技术监督机构或受其委托的质量技术检验部门提出型式检验要求时；

g） 合同规定时。

5.2.2 型式检验项目

型式检验项目见表 2。

表 2 型式检验项目

项目序号	检验项目名称	“出厂检验”项目	“型式检验”项目	“技术要求”章条	“试验方法”章条
a）	结构与外观	√	√	3.15	4.13
b）	技术性能	√	√	3.6	4.2
c）	功率消耗	√[a]	√	3.3	4.5
d）	高温、低温		√	3.1.1a），3.6.4b）	4.3
e）	直流电源影响		√	3.11	4.10
f）	静态模拟	√	√	3.12	4.2.3
g）	连续通电	√	√	3.13	4.11
h）	抗电气干扰		√	3.10	4.9
i）	温度贮存		√	3.1.4	4.4
j）	耐湿热性能		√	3.9	4.8
k）	绝缘性能	√[b]	√	3.8	4.7
l）	过载能力		√	3.7	4.6
m）	机械性能		√	3.14	4.12
n）	动态模拟		√[c]	3.12	4.2.3

[a] 只测交流电流电压功耗，不测直流电源功耗。
[b] 只测绝缘电阻及介质强度，不测冲击电压。
[c] 新产品定型鉴定前做。

5.2.3　型式检验的抽样与判定规则

a）型式检验从出厂检验合格的产品中任意抽取两台作为样品，然后分 A、B 两组进行。A 组样品按 5.2.2 中规定的 a）、b）、c）、d）、e）、f）、g）、h）各项进行检验。B 组样品按 5.2.2 中规定的 i）、j）、k）、l）、m）各项进行检验。

b）样品经过型式检验，未发现主要缺陷，则判定产品本次型式检验合格。检验中如发现有一个主要缺陷，则进行第二次抽样，重复进行型式检验，如未发现主要缺陷，仍判定该产品本次型式检验合格。如第二次抽取的样品仍存在此缺陷，则判定该产品本次型式检验不合格。

c）样品型式检验结果达不到 3.3～3.12 要求中任一条时，均按存在主要缺陷判定。

d）检验中样品出现故障允许进行修复。修复内容，如对已做过检验项目的检验结果没有影响，可继续往下进行检验。反之，受影响的检验项目应重做。

6　标志、包装、运输、贮存

6.1　标志

6.1.1　每台装置必须在机箱的显著部位设置持久明晰的标志或铭牌，标志下列内容：

a）产品型号、名称；

b）制造厂全称及商标；

c）主要参数；

d）对外端子及接口标识；

e）出厂日期及编号。

6.1.2　包装箱上应以不易洗刷或脱落的涂料作如下标记：

a）发货厂名、产品型号、名称；

b）收货单位名称、地址、到站；

c）包装箱外形尺寸（长×宽×高）及毛重；

d）包装箱外面书写“防潮”、“向上”、“小心轻放”等字样；

e）包装箱外面应规定叠放层数。

6.1.3　标志标识，应符合 GB 191—2000 的规定。

6.1.4　产品执行的标准应予以明示。

6.1.5　安全设计标志应按 GB 16836—2003 的规定明示。

6.2　包装

6.2.1　产品包装前的检查：

a）产品合格证书和装箱清单中各项内容应齐全；

b）产品外观无损伤；

c）产品表面无灰尘。

6.2.2　包装的一般要求。

产品应有内包装和外包装，插件插箱的可动部分应锁紧扎牢，包装应有防尘、防雨、防水、防潮、防震等措施。包装完好的装置应满足 3.1.4 规定的贮存运输要求。

6.3　运输

产品应适于陆运、空运、水运（海运），运输装卸按包装箱的标志进行操作。

6.4 贮存

长期不用的装置应保留原包装，在 3.1.4 规定的条件下贮存。贮存场所应无酸、碱、盐及腐蚀性、爆炸性气体和灰尘以及雨、雪的侵害。

7 其他

用户在遵守本标准及产品说明书所规定的运输、贮存条件下，装置自出厂之日起，至安装不超过两年，如发现装置和配套件非人为损坏，制造厂应负责免费维修或更换。

1000kV 线路保护装置技术要求

编　制　说　明

目 次

1 编制背景…… 118
2 编制主要原则及思路 …… 118
3 主要工作过程…… 118
4 标准结构及内容 …… 119
5 标准主要条款的说明 …… 119

前景广阔，但目前尚无完整的特高压交流输电标准体系。推动特高压交流输电领域的标准化工作，对确保特高压交流试验示范工程的顺利投运以及未来特高压交流输电技术的发展均具有重要意义。

1 编制背景

1.1 以往线路保护装置标准已经不能满足特高压交流输电系统的要求，不能作为特高压线路保护装置科研、设计、制造、试验、施工和运行的依据。目前，国内外尚无完整的1000kV 线路保护装置技术要求的相关标准。

1.2 应针对 1000kV 交流特高压系统线路的实际情况编制相关保护的标准。

1.3 2007 年 9 月 18 日，国家电力调度通信中心在北京组织召开了特高压交流二次系统（保护与控制）技术标准编写工作协调会，对特高压技术标准工作提出了明确、具体的要求，并下发文件《关于印发特高压交流二次系统技术标准编写第一次工作会纪要的通知》（调综〔2007〕231）。会议确定了各标准的主要起草单位、参加编写单位以及编写工作人员，明确了工作分工、方式和计划安排。其中，《1000kV 线路保护装置技术要求》编制工作组由国家电力调度通信中心负责，中国电力科学研究院牵头，单位参加包括南京南瑞继保电气有限公司、北京四方继保自动化股份有限公司、许昌继电器研究所、国电南自电气有限公司和华北电网公司等。

2 编制主要原则及思路

2.1 结合国家电网公司特高压输变电工程关键技术课题“1000kV 特高压输变电试验示范工程二次设备技术规范的研究”，以所提交的研究报告《晋东南—南阳—荆门 1000kV 特高压交流试验示范工程二次系统技术条件》作为标准编制基础。

2.2 在常规继电保护装置相关标准和技术条件的基础上，充分考虑特高压系统的自身特点，包括线路阻抗角的增大、充电电流增大、并联电抗器容量增加、重合闸时间变化等造成其运行条件、谐波特性、时间常数、暂态过程的变化，对线路保护装置的技术性能提出了更高的要求。

2.3 根据所承担的国家电网公司科技项目“1000kV 交流系统动态模拟及继电保护试验研究”中 1000kV 线路保护动模试验的研究成果，规定 1000kV 线路保护的具体技术指标。

2.4 本标准规定 1000kV 特高压交流系统线路保护装置的基本技术要求、试验方法及检验规则等，为 1000kV 特高压交流系统线路保护装置的科研、设计、制造、施工和运行等有关部门共同遵守的基本技术原则。

3 主要工作过程

3.1 2007 年 4 月，确立编研工作总体目标，构建组织机构，确定参编单位及其人员，开展课题前期研究工作。

3.2 2007 年 5 月，收集整理相关科研课题的研究成果作为标准编制基础。

3.3 2007 年 6 月，编写标准大纲，并将电子版提交编写组成员修改。

3.4 2007 年 9 月，国家电网公司国调中心在北京组织召开了特高压交流二次系统（保护与控制）技术标准，对标准大纲进行详细讨论。

3.5 2007 年 10 月，中国电科院根据编写组成员意见编制标准讨论稿，并将电子版提交编写组成员，编写组成员提出修改意见。

3.6 2007 年 11 月，召开了编写工作组第一次工作会议，会议对工作组各成员提出的修订意见进行了充分的讨论。会后，由中国电科院汇总大家的意见，形成了标准的征求意见稿交国调中心广泛征求意见。

3.7 2008 年 1 月，工作组召开第二次会议，邀请专家对标准初稿进行评审，与会专家对标准初稿进行了认真审议，在肯定初稿满足审议要求的前提下，提出了主要修改意见。

3.8 2008 年 1 月中国电科院根据评审意见对标准再次进行认真修改，形成了标准报批稿。

4 标准结构及内容

标准主要结构及内容如下：

4.1 目次；

4.2 前言；

4.3 标准正文共设 7 章：范围，规范性引用文件，技术要求，试验方法，检验规则，标志、包装、运输、贮存，其他；

4.4 编制说明。

5 标准主要条款的说明

5.1 “装置的主要功能”（3.4）

在“装置的主要功能”章节中，在常规保护功能要求的基础上，对装置的在线自动检测功能、故障记录功能、装置的信息记录功能做了更为详细的规定、明确提出了装置应提供的通信接口以及必要的功能软件、装置应提供的对时接口以及装置的定值问题。

5.2 “装置的功能配置”（3.5）

提出主保护采用分相电流差动保护或纵联距离保护，主保护与后备保护一体化；

对主保护和后备保护的功能配置提出了明确的要求；

规定了重合闸方式；

要求每套线路保护需配置一套含过电压保护功能的远跳就地判别装置。每回线路各侧的就地判别装置按“一取一”的跳闸逻辑配置。

5.3 装置的主要技术性能（3.6）

5.3.1 明确了各类主保护的动作时间；

5.3.2 明确了精工电压电流的范围；

5.3.3 测量元件特性的准确度考虑到按百分数要求对小电流的测量精度是不合理的，提出了测量误差分段要求；

5.3.4 提高了对装置自身时钟精度；

5.3.5 本标准详细规定了特高压线路保护的性能；

5.3.6 针对示范工程的特点，提出了联跳功能要求；

5.3.7 首次提出以故障电流的大小来考核保护装置对高阻接地故障的判断能力；

5.3.8 规定了装置与通道接口设备之间的连接方式；

5.3.9 规定了就地故障判别装置性能要求、远方跳闸应采用就地判据以及就地判据原理。

5.4 “保护的电气性能、机械性能要求”

本标准 3.8～3.14 节，对装置电气性能、机械性能要求等方面作出规定，包括过载能力、绝缘性能、耐湿热性能、抗电气干扰性能、直流电源影响、动态模拟、连续通电、机械性能。其中，抗电气干扰性能考虑到电磁环境的恶劣性，比以往超高压线路保护装置新增 3.10.5 浪涌抗扰度、3.10.6 射频场感应的传导骚扰抗扰度、3.10.7 工频磁场抗扰度、3.10.8 脉冲磁场抗扰度的要求。

5.5 “试验方法”

本标准 4.2～4.13 节，详细规定了装置检验的试验方法，包括技术性能试验、电气性能试验、机械性能试验等，并明确了试验后装置应满足的技术要求。

国家电网公司企业标准

1000kV 断路器保护装置技术要求

Specification for 1000kV circuit breaker protection equipment

Q/GDW 329—2009

目　次

前言 ······ 123
1 范围 ······ 124
2 规范性引用文件 ······ 124
3 技术要求 ······ 125
4 试验方法 ······ 132
5 检验规则 ······ 135
6 标志、包装、运输、储存 ······ 136
7 其他 ······ 137
编制说明 ······ 138

前　言

本标准规定了 1000kV 特高压交流系统断路器保护装置的基本技术要求、试验方法及检验规则等，为 1000kV 特高压交流系统断路器保护装置的科研、设计、制造、施工和运行等有关部门共同遵守的基本技术原则。

本标准由国家电力调度通信中心提出并负责解释。

本标准由国家电网公司科技部归口。

本标准主要起草单位：国家电力调度通信中心、南京南瑞继保电气有限公司、国网电力科学研究院、中国电力科学研究院、北京四方继保自动化股份有限公司、国电南京自动化股份有限公司、许继电气股份有限公司、湖北省电力调度通信中心、国家电网公司特高压建设部。

本标准主要起草人：刘宇、郑玉平、沈军、张哲、董明会、徐振宇、朱建红、王玉杰、赵严凤、刘洪涛。

1000kV 断路器保护装置技术要求

1　范围

本标准规定了微机特高压双断路器接线或一个半断路器接线断路器继电保护装置的基本技术要求、试验方法、检验规则及对标志、包装、运输、储存的要求。

本标准适用于 1000kV 双断路器接线或一个半断路器接线断路器微机型继电保护装置（以下简称为装置），作为该类装置设计、制造、检验和应用的依据。

2　规范性引用文件

下列文件中的条款通过本标准的引用而成为本标准的条款。凡是注日期的引用文件，其随后所有的修改单（不包括勘误的内容）或修订版均不适用于本标准，然而，鼓励根据本标准达成协议的各方研究是否可使用这些文件的最新版本。凡是不注日期的引用文件，其最新版本适用于本标准。

GB 191—2008　包装储运图示标志

GB/T 2423.1—2008　电工电子产品环境试验　第 2 部分：试验方法　试验 A：低温

GB/T 2423.2—2008　电工电子产品环境试验　第 2 部分：试验方法　试验 B：高温

GB/T 2423.9—2001　电工电子产品环境试验　第 2 部分：试验方法　试验 Cb：设备用恒定湿热

GB/T 2887—2000　电子计算机场地通用规范

GB/T 3047.4—1986　高度进制为 44.45mm 的插箱、插件的基本尺寸系列

GB/T 7261—2008　继电保护和安全自动装置基本试验方法

GB 9361—1988　计算站场地安全要求

GB/T 11287—2000　电气继电器　第 21 部分：量度继电器和保护装置的振动、冲击、碰撞和地震试验　第 1 篇　振动试验（正弦）（idt IEC 60255-21-1：1988）

GB/T 14537—1993　量度继电器和保护装置的冲击和碰撞试验（idt IEC 60255-21-2：1988）

GB/T 14598.9—2002　电气继电器　第 22-3 部分：量度继电器和保护装置的电气骚扰试验　辐射电磁场骚扰试验（idt IEC 60255-22-3：1989）

GB/T 14598.10—2007　电气继电器　第 22-4 部分：量度继电器和保护装置的电气骚扰试验　电快速瞬变/脉冲群抗扰度试验（idt IEC 60255-22-4：1992）

GB/T 14598.13—2008　电气继电器　第 22-1 部分：量度继电器和保护装置的电气干扰试验　1MHz 脉冲群抗扰度试验（eqv IEC 60255-22-1：1988）

GB/T 14598.14—1998　量度继电器和保护装置的电气干扰试验　第 2 部分　静电放电试验（idt IEC 60255-22-2：1996）

GB 14598.27—2008　量度继电器和保护装置　第 27 部分：产品安全要求

SD 286—1988　断路器继电保护产品动态模拟试验技术条件

DL/T 667—1999　远动设备及系统　第 5 部分　传输规约　第 103 篇　继电保护设备信息接口配套标准（idt IEC 60870-5-103：1997）

3　技术要求

3.1　环境条件

3.1.1　正常工作大气条件

a）环境温度：−10℃～+55℃；

b）相对湿度：5%～95%（产品内部，既不应凝露，也不应结冰）；

c）大气压力：86kPa～106kPa，70kPa～106kPa。

3.1.2　试验的标准大气条件

a）环境温度：15℃～35℃；

b）相对湿度：45%～75%；

c）大气压力：86kPa～106kPa。

3.1.3　仲裁试验的标准大气条件

a）环境温度：+20℃±2℃；

b）相对湿度：45%～75%；

c）大气压力：86kPa～106kPa。

3.1.4　储存、运输极限环境温度

装置的储存、运输允许的环境温度为−25℃～+70℃，相对湿度不大于 85%，在不施加任何激励量的条件下，不出现不可逆变化。温度恢复后，装置性能符合 3.4、3.5、3.7 的规定。

3.1.5　周围环境

装置的使用地点应无爆炸危险、无腐蚀性气体及导电尘埃、无严重霉菌、无剧烈振动源；不存在超过 3.9 规定的电气干扰；有防御雨、雪、风、沙、尘埃及防静电措施；场地应符合 GB 9361—1988 中 B 类安全要求，接地电阻应符合 GB/T 2887—2000 中 4.4 的规定。

3.1.6　特殊环境条件

当超出 3.1.1～3.1.5 规定的环境条件时，由用户与制造厂商定。

3.2　额定电气参数

3.2.1　直流电源

a）额定电压：220V、110V；

b）允许偏差：−20%～+10%；

c）纹波系数：不大于 5%。

3.2.2　交流回路

a）交流电流：1A；

b）交流电压：100V、$100/\sqrt{3}$ V；

c）频率：50Hz。

3.3　功率消耗

a）交流电流回路：每相不大于 0.5VA；

b） 交流电压回路：当额定电压时，每相不大于 0.5VA；

c） 直流电源回路：当正常工作时，不大于 50W；当装置动作时，不大于 80W。

3.4 整套装置的主要功能

3.4.1 装置应具有独立性、完整性、成套性，应含有输电断路器必需的能反映各种故障的保护功能。

3.4.2 保护装置应具有在线自动检测功能，包括保护装置硬件损坏、功能失效、二次回路异常运行状态的自动检测。装置任一元件损坏后，自动检测回路应能发出告警或装置异常信号，并给出有关信息指明损坏元件的所在位置，至少应能将故障定位至模块（插件）。保护装置任一元件（出口继电器除外）损坏时，装置不应误动作。

3.4.3 装置应具有独立的启动元件，只有在电力系统发生扰动时，才允许开放出口跳闸回路。

3.4.4 保护装置必须具有故障记录功能，以记录保护的动作过程，为分析保护的动作行为提供详细、全面的数据信息。并且能以 COMTRADE 数据格式输出上传至保护和故障信息管理子站。应能至少记录 64 次故障记录，所有故障记录按时序循环覆盖；应能保存最新的 8 次跳闸报告。保护装置应保证发生故障时不丢失故障记录信息，在装置直流电源消失时不丢失已经记录的信息，记录不可人为清除；应能记录故障时的输入模拟量和开关量、输出开关量、动作元件、动作时间、相别。

3.4.5 保护装置中央信号的接点在直流电源消失后应能自保持，只有当运行人员复归后，信号接点才能返回，人工复归应能在装置外部实现。

3.4.6 保护装置的定值应满足保护功能的要求，应尽可能做到简单、易理解、易整定；定值需改变时，应设置不少于 8 套可切换的定值。电流定值可整定范围应在 $0.05I_N$～$15I_N$，其他定值整定的范围应满足工程需要。

3.4.7 保护装置应按时间顺序记录正常操作信息，如开入量变位、压板切换、定值修改、定值切换等。在装置直流电源消失时不丢失已经记录的信息；所有故障记录按时序循环覆盖；记录不可人为清除。

3.4.8 保护装置的故障报告应包含动作元件、动作时间、动作相别、开关变位、自检信息、定值、压板、故障录波数据等。

3.4.9 保护装置应能提供 3 个与监控系统和故障信息系统相连的通信接口（以太网或 RS–485）、1 个调试接口、1 个打印接口。通信接口的通信数据格式应符合 DL/T 667—1999 标准规约。

3.4.10 保护装置宜具有调试用的通信接口，并提供相应的辅助调试软件。

3.4.11 保护装置应具有硬件时钟电路，装置在失去直流电源时，硬件时钟应能正常工作。保护装置应具有与外部标准授时源的 IRIG–B 对时接口。装置时钟精度：24h 不超过±2s；经过时钟同步后相对误差不大于±1ms。

3.4.12 保护装置的直流工作电源，应保证在外部电源为 80%～115%额定电压、纹波系数不大于 5%的条件下可靠工作。拉、合装置直流电源或直流电压缓慢下降及上升时，装置不应误动。直流电源消失时，应有输出接点以启动告警信号。直流电源恢复时，装置应能自动恢复工作。

3.4.13 保护装置应有足够的跳闸接点以跳开相应的断路器，保护装置的跳闸接点应保证断路器可靠动作切除故障，故障消失后跳闸接点的返回时间应不大于 30ms。

3.5 各种保护功能的主要技术性能

保护模块的配置与被保护的设备有关，但所选择的单个保护应能达到下面的性能指标。本标准未规定的指标由下级标准规定。

3.5.1 断路器保护和重合闸配置要求

a） 断路器保护应按断路器配置，包括断路器失灵保护、三相不一致保护、充电保护、死区保护和分相操作箱；

b） 与线路相连的断路器保护应配重合闸功能；

c） 每组断路器装设一套断路器失灵保护，其跳闸输出接点应可供断路器的两组跳闸线圈跳闸用，应有足够的失灵输出接点；

d） 宜采用断路器机构内本体三相不一致保护，需要时可采用断路器保护装置的三相不一致保护；

e） 自动重合闸只实现一次重合闸，在任何情况下不应发生多次重合闸，自动重合闸采用单相重合闸方式；

f） 为了降低重合于出口严重永久故障及跨线故障对系统的冲击，可采用按相顺序重合方式。操作箱采用分相合闸操作箱，对于双断路器接线方式，重合闸按线路配置，按相顺序重合闸逻辑判别及延时在线路保护中完成，断路器保护根据线路保护的指令及本断路器重合条件完成按相顺序重合闸出口功能，按相顺序重合闸间隔不宜超过 0.2s，重合顺序按正相序排列（A→B→C→A），两套线路保护均可配置按相顺序重合闸功能，运行时，宜投运一套线路保护的重合闸装置。

3.5.2 断路器失灵保护技术要求

a） 失灵保护不设功能投退压板；

b） 启动失灵的保护应为线路、母线、短线、变压器（高压电抗器）等电气量保护；

c） 断路器失灵保护的启动回路采用分相及三相启动回路，分相失灵启动回路采用线路保护单相跳闸出口接点启动，由断路器保护完成电流判别，电流元件由相电流和零（负）序电流与门构成，三相失灵启动回路采用保护三相跳闸出口接点启动，由断路器保护完成电流判别，电流元件由相电流、零（负）序电流、低功率因素或门构成，判别断路器未跳开的元件应保证有足够的灵敏度；

d） 断路器失灵保护启动并经断路器未跳开的元件确认后，瞬时按相重跳一次本断路器，再经延时，跳本断路器及相邻断路器三相，为了简化回路设计，靠母线侧断路器的失灵保护跳本母线所有断路器的出口回路应与相应母差共出口；

e） 线路断路器失灵保护动作后，应通过通道向线路对侧发送跳闸信号；

f） 断路器失灵保护动作应闭锁重合闸；

g） 断路器失灵保护启动回路的返回时间应小于 20ms；

h） 失灵保护应有足够的跳闸出口接点。

i） 信号回路：

1） 任意元件或回路异常，装置不应误动，应发告警信号；

2） 装置直流消失，闭锁元件启动，装置异常和保护动作跳闸等，应发出信号；

3） 应有启动遥信及事件记录接点。

3.5.3 三相不一致保护技术要求

采用断路器保护的不一致保护功能时：

a） 三相不一致保护由断路器分相位置启动；

b） 不一致保护应可选择是否经零序或负序闭锁；

c） 当有跳合闸位置继电器 TWJ 且有流时，应能经短延时报警或闭锁不一致保护；

d） 当 TWJ 长期不一致时，应延时报警。

3.5.4 死区保护技术要求

a） 当 TA 和断路器之间存在保护死区时，应配置死区保护，以缩短失灵保护动作时间；

b） 死区保护应由三相 TWJ、保护三相跳闸开入、任一相过流条件与门组成，当上述三个条件均满足时，经较短延时出口；

c） 死区保护与失灵保护应共用出口。

3.5.5 充电保护技术要求

a） 充电保护应可通过“充电保护压板”进行投退；

b） 充电保护设置两段相电流、一段零序电流保护，Ⅱ段过流与零序共用一段时限；

c） 充电保护动作后应能启动失灵保护。

3.5.6 重合闸技术要求

a） 断路器保护的常规重合闸启动方式包括线路保护跳闸启动和断路器跳闸位置不对应启动，断路器保护的按相顺序重合闸由线路保护的按相顺序重合闸命令启动；

b） 跳闸启动常规重合闸由线路保护的分相和三相跳闸启动回路启动，三相重合闸应能采用无电压或检查同期实现，重合闸装置收到启动脉冲后，应能将启动脉冲自保持；

c） 重合闸方式的实现可以通过以下方式切换：

1） 当不采用按相顺序重合闸方式时，通过断路器保护装置的“选择开关”可实现常规重合闸方式的切换：

——单相重合闸（单相故障、故障相跳闸、故障相重合，多相故障、三相跳闸、不重合）；

——三相重合闸（任何故障均三相跳闸、三相重合闸）；

——综合重合闸（单相故障、故障相跳闸、故障相重合，多相故障、三相跳闸、三相重合闸）；

——停用重合闸；

2） 当采用“自适应重合闸”方式时，线路保护、断路器保护的“按相重合闸”压板及控制字均投入，断路器保护根据线路保护的按相顺序重合指令并结合本开关的重合条件完成按相顺序重合出口功能，当发生通道异常、TV 断线等异常情况时，线路保护的按相顺序重合闸应能自动转为常规重合闸方式，该重合闸方式即为线路保护“选择开关”预设的重合闸方式，若断路器保护的按相顺序重合闸不退出，则断路器保护仍根据线路保护的重合指令重合，当断路器保护的按相顺序重合闸退出，此时断路器保护的重合闸逻辑工作，按断路器保护“选择开关”预设的重合闸方式独立工作；

d）重合闸闭锁方式：

1）重合闸装置应有外部闭锁重合闸的输入回路，以便在手动跳闸、手动合闸、母线故障、变压器故障、断路器失灵、断路器三相不一致、远方跳闸、延时段保护动作、断路器操作压力降低等情况下接入闭锁重合闸接点；

2）三相重合闸元件启动后，应闭锁单相重合闸时间元件，单相重合闸元件启动后，应闭锁三相重合闸时间元件；

3）一回线三相跳闸或有三相 TWJ 应闭锁该回线的按相顺序重合闸功能；

e）采用按相顺序重合闸时，重合闸按线路配置，对于同塔双回线，线路保护综合两回线的信息，完成双回线的按相顺序重合闸功能；断路器保护根据线路保护的重合闸指令完成重合闸出口功能，按相顺序重合闸应能可靠避免重合于可能的跨相永久故障及近处严重故障；

f）断路器屏上的保护应在本断路器无法重合时（断路器低气压、重合闸装置故障等）准备好三跳回路，在线路保护发出单跳令时，本断路器三跳，而不应影响另一个断路器重合闸功能；

g）重合闸合闸脉冲宽度应不小于 100ms，以保证断路器可靠合闸；

h）重合闸装置应具有“闭锁重合闸”的接入回路，断路器操作压力降低闭锁重合闸应保证只检查断路器操作前的操作压力；

i）重合闸装置中任意一个元件损坏或有异常，应不发生多次重合闸及规定不允许三相重合闸的三相重合闸。

3.5.7　精确工作范围

a）电压：（0.01～1.1）U_N；

b）电流：（0.1～20）I_N 或（0.2～40）I_N。

3.5.8　测量元件特性的准确度

a）整定误差：不超过±2.5%；

b）温度变差：在正常工作环境温度范围内，相对于+20℃±2℃时，不超过±2.5%。

3.5.9　装置自身时钟精度

装置时钟精度：24h 不超过±2s；经过时钟同步后相对误差不大于±1ms。

3.5.10　在由分布电容、并联电抗器、变压器（励磁涌流）、高压直流输电设备和串联补偿电容等所产生的稳态和暂态的谐波分量和直流分量的影响下，保护装置内部元件不应误动作或拒动。保护装置应有专门的滤波措施，以避免特高压系统产生的谐波和直流分量对保护装置的影响。

3.5.11　保护装置在电压互感器二次回路断线时应发出告警信号，并闭锁可能误动的元件，保护装置在电流互感器二次回路一相或二相断线时，应发出告警信号。

3.5.12　保护装置应能可靠启动失灵保护，直到故障切除，电流元件返回为止。

3.5.13　保护装置单相及三相跳闸时，应分别有独立、足够的输出接点，供启动计算机监控信号、远动信号、事件记录，以及安全自动装置。

3.6　过载能力

a）交流电流回路：2 倍额定电流，连续工作；
10 倍额定电流，允许 10s；

40 倍额定电流，允许 1s。

b） 交流电压回路：1.2 倍额定电压，连续工作；

1.4 倍额定电压，允许 10s。

装置经受电流电压过载后，应无绝缘损坏，并符合 3.7、3.8 的规定。

3.7　绝缘性能

3.7.1　绝缘电阻

在试验的标准大气条件下，装置的外引带电回路部分和外露非带电金属部分及外壳之间，以及电气上无联系的各回路之间，用 500V 的绝缘电阻表测量其绝缘电阻值，应不小于 20MΩ。

3.7.2　介质强度

a） 在试验的标准大气条件下，装置应能承受频率为 50Hz，历时 1min 的工频耐压试验而无击穿闪络及元器件损坏现象；

b） 工频试验电压值按表 1 选择，也可以采用直流试验电压，其值应为规定的工频试验电压值的 1.4 倍；

表 1　　V

被　试　回　路	额定绝缘电压	试　验　电　压
整机引出端子和背板线—地	＞60～250	2000
直流输入回路—地	＞60～250	2000
交流输入回路—地	＞60～250	2000
信号输出触点—地	＞60～250	2000
无电气联系的各回路之间	＞60～250	2000
整机带电部分—地	≤60	500

c） 试验过程中，任一被试回路施加电压时其余回路等电位互联接地。

3.7.3　冲击电压

在试验的标准大气条件下，装置的直流输入回路、交流输入回路、信号输出触点等诸回路对地，以及回路之间，应能承受 1.2/50μs 的标准雷电波的短时冲击电压试验。当额定绝缘电压大于 60V 时，开路试验电压为 5kV；当额定绝缘电压不大于 60V 时，开路试验电压为 1kV。试验后，装置的性能应符合 3.4、3.5 的规定。

3.8　耐湿热性能

根据试验条件和使用环境，在以下两种方法中选择其中一种。

3.8.1　恒定湿热

装置应能承受 GB/T 2423.9—2001 规定的恒定湿热试验。试验温度为+40℃±2℃，相对湿度为（93±3）%，试验持续时间为 48h。在试验结束前 2h 内，用 500V 绝缘电阻表，测量各外引带电回路部分对外露非带电金属部分及外壳之间，以及电气上无联系的各回路之间的绝缘电阻值应不小于 1.5MΩ；介质强度不低于 3.7.2 规定的介质强度试验电压值的 75%。

3.8.2　交变湿热

装置应能承受 GB/T 7261—2008 第 21 章规定的交变湿热试验。试验温度为+40℃±2℃，相对湿度为（93±3）%，试验时间为 48h，每一周期历时 24h。在试验结束前 2h

内，用 500V 绝缘电阻表，测量各外引带电回路部分对外露非带电金属部分及外壳之间，以及电气上无联系的各回路之间的绝缘电阻应不小于 1.5MΩ；介质强度不低于 3.7.2 规定的介质强度试验电压值的 75%。

3.9 抗电气干扰性能

3.9.1 辐射电磁场干扰

装置应能承受 GB/T 14598.9—2002 中 4.1.1 规定的严酷等级为Ⅲ级（试验条件：试验场强为 10V/m，频率为 80MHz～1GHz）的辐射电磁场干扰试验，试验期间及试验后，装置性能应符合该标准中 4.5 的规定。

3.9.2 快速瞬变干扰

装置应能承受 GB/T 14598.10—2007 中 4.1 规定的严酷等级为Ⅳ级（试验条件：试验电压为±4kV，干扰信号重复频率为 2.5kHz）的快速瞬变干扰试验，试验期间及试验后，装置性能应符合该标准中 4.6 的规定。

3.9.3 脉冲群干扰

装置应能承受 GB/T 14598.13—2008 中 3.1.1 规定的严酷等级为Ⅲ级的 1MHz 和 100kHz 脉冲群干扰试验（试验条件：试验电压共模为 2.5kV；差模为 1kV），试验期间及试验后，装置性能应符合该标准中 3.4 的规定。

3.9.4 静电放电干扰

装置应能承受 GB/T 14598.14—1998 中 4.2 规定的严酷等级为Ⅳ级（试验条件：接触放电为±8kV，空气放电为±15kV，湿度为 10%）的静电放电干扰试验，试验期间及试验后，装置性能应符合该标准中 4.6 的规定。

3.9.5 浪涌（冲击）抗扰度

装置应能承受 GB/T 17626.5 中 4.1.1 规定的严酷等级为Ⅲ级（试验条件：试验电平共模为 2kV、差模为 1kV）的浪涌（冲击）抗扰度试验，试验期间及试验后，装置性能应符合该标准中 4.5 的规定。

3.9.6 工频磁场抗扰度

装置应能承受 GB/T 17626.8 中 4.1 规定的严酷等级为Ⅴ级（试验条件：稳定磁场为 100A/m，短时磁场为 1000A/m）的工频磁场抗扰度试验，试验期间及试验后，装置性能应符合该标准中 4.6 的规定。

3.9.7 射频场感应的传导骚扰抗扰度

装置应能承受 GB/T 17626.6 中 3.1.1 规定的严酷等级为Ⅲ级（试验条件：试验电平为 10V，扫频为 150kHz～80MHz，调幅 80%为 AM，调制频率为 1kHz）的射频场感应的传导骚扰抗扰度试验，试验期间及试验后，装置性能应符合该标准中 3.4 的规定。

3.9.8 脉冲磁场抗扰度

装置应能承受 GB/T 17626.9 中 4.2 规定的严酷等级为Ⅴ级（试验条件：试验峰值电平为 1000A/m）的脉冲磁场抗扰度试验，试验期间及试验后，装置性能应符合该标准中 4.6 的规定。

3.10 直流电源影响

a） 在试验的标准大气条件下，分别改变 3.2.1 中规定的极限参数，装置应可靠工作，性能及参数符合 3.4、3.5 的规定；

b） 按 GB/T 7261—2008 中 15.3 的规定进行直流电源中断 20ms 影响试验，装置不应误动；

c） 装置加上电源、断电、电源电压缓慢上升或缓慢下降，装置均不应误动作或误发信号，当电源恢复正常后，装置应自动恢复正常运行。

3.11 静态模拟、动态模拟

装置应进行静态模拟、动态模拟试验。在各种故障类型下，装置动作行为应正确，信号指示应正常，应符合 3.4、3.5 的规定。

3.12 连续通电

装置完成调试后，出厂前应进行连续通电试验。试验期间，装置工作应正常，信号指示应正确，不应有元器件损坏或其他异常情况出现。试验结束后，性能指标应符合 3.4、3.5 的规定。

3.13 机械性能

3.13.1 振动（正弦）

a） 振动响应

装置应能承受 GB/T 11287—2000 中 3.2.1 规定的严酷等级为 1 级的振动响应试验，试验期间及试验后，装置性能应符合该标准中 5.1 的规定；

b） 振动耐久

装置应能承受 GB/T 11287—2000 中 3.2.2 规定的严酷等级为 1 级的振动耐久试验，试验期间及试验后，装置性能应符合该标准中 5.2 的规定。

3.13.2 冲击

a） 冲击响应

装置应能承受 GB/T 14537—1993 中 4.2.1 规定的严酷等级为 I 级的冲击响应试验，试验期间及试验后，装置性能应符合该标准中 5.1 的规定；

b） 冲击耐久

装置应能承受 GB/T 14537—1993 中 4.2.2 规定的严酷等级为 I 级的冲击耐久试验，试验期间及试验后，装置性能应符合该标准中 5.2 的规定。

3.13.3 碰撞

装置应能承受 GB/T 14537—1993 中 4.3 规定的严酷等级为 I 级的碰撞试验，试验期间及试验后，装置性能应符合该标准中 5.2 的规定。

3.14 结构、外观及其他

3.14.1 机箱尺寸应符合 GB/T 3047.4—1986 的规定。

3.14.2 装置应采取必要的抗电气干扰措施，装置的不带电金属部分应在电气上连成一体，并具备可靠接地点。

3.14.3 装置应有安全标志，安全标志应符合 GB 14598.27—2008 中 5.7.5、5.7.6 的规定。

3.14.4 金属结构件应有防锈蚀措施。

4 试验方法

4.1 试验条件

4.1.1 除另有规定外，各项试验均在 3.1.2 规定的试验的标准大气条件下进行。

4.1.2　被试验装置和测试仪表必须良好接地，并考虑周围环境电磁干扰对测试结果的影响。

4.2　技术性能试验

4.2.1　基本性能试验

a）各种保护的定值；

b）各种保护的动作特性；

c）各种保护的动作时间特性；

d）装置整组的动作正确性。

4.2.2　其他性能试验

a）硬件系统自检；

b）硬件系统时钟功能；

c）通信及信息显示、输出功能；

d）开关量输入输出回路；

e）数据采集系统的精度和线性度；

f）定值切换功能。

4.2.3　静态、动态模拟试验

装置通过 4.2.1、4.2.2 各项试验后，根据 3.11 的要求，按照 DL/T 871—2004 的规定，在电力系统静态或动态模拟系统上进行整组试验，或使用继电保护试验装置、仿真系统进行试验。试验结果应满足 3.4、3.5 的规定。

试验项目如下：

a）和其他保护配合时的装置失灵跟跳动作行为；

b）和其他保护配合时的装置失灵动作行为；

c）和其他保护配合时的死区故障装置动作行为；

d）开关不一致装置动作行为；

e）线路充电于故障时充电保护动作行为；

f）装置重合闸和线路保护配合工作时，在瞬时性和永久性故障条件下的动作行为；

g）和具有按相顺序重合闸功能的线路保护配合工作时，断路器保护按相重合闸功能；

h）电压回路断线或短路对装置的影响。

4.3　温度试验

根据 3.1.1a）的要求，按 GB/T 7261—2008 第 12 章规定进行低温试验，按第 13 章规定进行高温试验。在试验过程中施加规定的激励量，温度变差应满足本标准 3.5.4b）的要求。

4.4　温度储存试验

装置不包装，不施加激励量，根据 3.1.4 的要求，先按 GB/T 2423.1—2008 中第 9 章的规定进行低温储存试验，在–25℃时储存 16h，在室温下恢复 2h 后，再按 GB/T 2423.2—2008 中第 8 章的规定进行高温储存试验，在+70℃时储存 16h，在室温下恢复 2h 后，施加激励量进行电气性能检测，装置的性能应符合 3.1.4 的规定。

4.5　功率消耗试验

根据 3.3 的要求，按 GB/T 7261—2008 中第 10 章的规定和方法，对装置进行功率消

耗试验。

4.6 过载能力试验

根据 3.6 的要求，按 GB/T 7261—2008 中第 23 章的规定和方法，对装置进行过载能力试验。

4.7 绝缘试验

根据 3.7 的要求，按 GB/T 7261—2008 第 20 章的规定和方法，分别进行绝缘电阻测量、介质强度及冲击电压试验。

4.8 湿热试验

根据 3.8 的规定，在以下两种方法中选择其中一种。

4.8.1 恒定湿热试验

根据 3.8.1 的要求，按 GB/T 2423.9—2001 的规定和方法，对装置进行恒定湿热试验。

4.8.2 交变湿热试验

根据 3.8.2 的要求，按 GB/T 7261—2008 第 21 章的规定和方法，对装置进行交变湿热试验。

4.9 抗电气干扰性能试验

4.9.1 辐射电磁场干扰试验

根据 3.9.1 的要求，按 GB/T 14598.9—2002 的规定和方法，对装置进行辐射电磁场干扰试验。

4.9.2 快速瞬变干扰试验

根据 3.9.2 的要求，按 GB/T 14598.10—2007 的规定和方法，对装置进行快速瞬变干扰试验。

4.9.3 脉冲群干扰试验

根据 3.9.3 的要求，按 GB/T 14598.13—2008 的规定和方法，对装置进行脉冲群干扰试验。

4.9.4 静电放电干扰试验

根据 3.9.4 的要求，按 GB/T 14598.14—1998 的规定和方法，对装置进行静电放电干扰试验。

4.9.5 浪涌（冲击）抗扰度试验

根据 3.9.5 的要求，按 GB/T 17626.5 的规定和方法，对装置进行浪涌（冲击）抗扰度试验。

4.9.6 工频磁场抗扰度试验

根据 3.9.6 的要求，按 GB/T 17626.8 的规定和方法，对装置进行工频磁场抗扰度试验。

4.9.7 射频场感应的传导骚扰抗扰度试验

根据 3.9.7 的要求，按 GB/T 17626.6 的规定和方法，对装置进行射频场感应的传导骚扰抗扰度试验。

4.9.8 脉冲磁场抗扰度试验

根据 3.9.8 的要求，按 GB/T 17626.9 的规定和方法，对装置进行脉冲磁场抗扰度试验。

4.10 直流电源影响试验

根据 3.10 的要求，按 GB/T 7261—2008 中第 15 章的规定和方法，对装置进行电源影响试验。

4.11 连续通电试验

a） 根据 3.12 的要求，装置出厂前应进行连续通电试验；

b） 被试装置只施加直流电源，必要时可施加其他激励量进行功能检测；

c） 试验时间为室温下 100h（或 40℃温度下 72h）。

4.12 机械性能试验

4.12.1 振动试验

根据 3.13.1 的要求，按 GB/T 11287—2000 的规定和方法，对装置进行振动响应和振动耐久试验。

4.12.2 冲击试验

根据 3.13.2 的要求，按 GB/T 14537—1993 的规定和方法，对装置进行冲击响应和冲击耐久试验。

4.12.3 碰撞试验

根据 3.13.3 的要求，按 GB/T 14537—1993 的规定和方法，对装置进行碰撞试验。

4.13 结构和外观检查

按 3.14 及 GB/T 7261—2008 第 4 章的要求逐项进行检查。

5 检验规则

产品检验分出厂检验和型式检验两种。

5.1 出厂检验

每台装置出厂前必须由制造厂的检验部门进行出厂检验，出厂检验在试验的标准大气条件下进行。检验项目见表 2。

表 2

检验项目名称	“出厂检验”项目	“型式检验”项目	“技术要求”章条	“试验方法”章条
a）结构与外观	√	√	3.14	4.13
b）技术性能	√	√	3.5	4.2
c）功率消耗	√[a]	√	3.3	4.5
d）高温、低温		√	3.1.1a），3.5.4b）	4.3
e）直流电源影响		√	3.10	4.10
f）静态模拟	√	√	3.11	4.2.3
g）连续通电	√	√	3.12	4.11
h）抗电气干扰		√	3.9	4.9
i）温度储存		√	3.1.4	4.4
j）耐湿热性能		√	3.8	4.8
k）绝缘性能	√[b]	√	3.7	4.7
l）过载能力		√	3.6	4.6
m）机械性能		√	3.13	4.12

表 2（续）

检验项目名称	“出厂检验”项目	“型式检验”项目	“技术要求”章条	“试验方法”章条
n）动态模拟		√[c]	3.11	4.2.3
[a] 只测交流电流电压功耗，不测直流电源功耗； [b] 只测绝缘电阻及介质强度，不测冲击电压； [c] 新产品定型鉴定前做。				

5.2 型式检验

型式检验在试验的标准大气条件下进行。

5.2.1 型式检验规定

凡遇下列情况之一，应进行型式检验：

a） 新产品定型鉴定前；

b） 产品转厂生产定型鉴定前；

c） 连续批量生产的装置每四年一次；

d） 正式投产后，如设计、工艺、材料、元器件有较大改变，可能影响产品性能时；

e） 产品停产一年以上又重新恢复生产时；

f） 国家质量技术监督机构或受其委托的质量技术检验部门提出型式检验要求时；

g） 合同规定时。

5.2.2 型式检验项目

型式检验项目见表 2。

5.2.3 型式检验的抽样与判定规则

a） 型式检验从出厂检验合格的产品中任意抽取两台作为样品，然后分 A、B 两组进行：

　1） A 组样品按 5.1 中表 2 规定的 a）、b）、c）、d）、e）、f）、g）、h）各项进行检验；

　2） B 组样品按 5.1 中表 2 规定的 i）、j）、k）、l）、m）各项进行检验；

b） 样品经过型式检验，未发现主要缺陷，则判定产品本次型式检验合格，检验中如发现有一个主要缺陷，则进行第二次抽样，重复进行型式检验，如未发现主要缺陷，仍判定该产品本次型式检验合格，如第二次抽取的样品仍存在此缺陷，则判定该产品本次型式检验不合格；

c） 样品型式检验结果达不到 3.3～3.11 要求中任一条时，均按存在主要缺陷判定；

d） 检验中样品出现故障允许进行修复，修复内容如对已做过检验项目的检验结果没有影响，可继续往下进行检验，反之，受影响的检验项目应重做。

6 标志、包装、运输、储存

6.1 标志

6.1.1 每台装置必须在机箱的显著部位设置持久明晰的标志或铭牌，标志下列内容：

a） 产品型号、名称；

b） 制造厂全称及商标；

c） 主要参数；

d） 对外端子及接口标识；

e） 出厂日期及编号。

6.1.2 包装箱上应以不易洗刷或脱落的涂料作如下标记：

a） 发货厂名、产品型号、名称；

b） 收货单位名称、地址、到站；

c） 包装箱外形尺寸（长×宽×高）及毛重；

d） 包装箱外面书写“防潮”、“向上”、“小心轻放”等字样；

e） 包装箱外面应规定叠放层数。

6.1.3 标志标识，应符合 GB 191—2008 的规定。

6.1.4 产品执行的标准应予以明示。

6.1.5 安全设计标志应按 GB 14598.27—2008 的规定明示。

6.2 包装

6.2.1 产品包装前的检查：

a） 产品合格证书和装箱清单中各项内容应齐全；

b） 产品外观无损伤；

c） 产品表面无灰尘。

6.2.2 包装的一般要求

产品应有内包装和外包装，插件插箱的可动部分应锁紧扎牢，包装应有防尘、防雨、防水、防潮、防振等措施。包装完好的装置应满足 3.1.4 规定的储存运输要求。

6.3 运输

产品应适于陆运、空运、水运（海运），运输装卸按包装箱的标志进行操作。

6.4 储存

长期不用的装置应保留原包装，在 3.1.4 规定的条件下储存。储存场所应无酸、碱、盐及腐蚀性、爆炸性气体和灰尘，以及雨、雪的侵害。

7 其他

用户在遵守本标准及产品说明书所规定的运输、储存条件下，装置自出厂之日起，至安装不超过两年，如发现装置和配套件非人为损坏，制造厂应负责免费维修或更换。

1000kV 断路器保护装置技术要求

编　制　说　明

目　　次

1　编制背景……140
2　编制主要原则及思路……140
3　主要工作过程……140
4　标准结构及内容……141

随着电网技术的飞速发展，特高压交流输电技术也日益成熟，特高压交流输电技术应用前景广阔，但目前尚无完整的特高压交流输电标准体系。推动特高压交流输电领域的标准化工作，对确保特高压交流试验示范工程的顺利投运，以及未来特高压交流输电技术的发展均具有重要意义。

1　编制背景

（1）以往断路器保护装置标准已经不能满足特高压交流输电系统的要求，不能作为特高压断路器保护装置科研、设计、制造、试验、施工和运行的依据。目前，国内外尚无完整的 1000kV 断路器保护装置技术要求的相关标准。

（2）应针对 1000kV 交流特高压系统的实际情况编制相关保护的标准。

（3）2007 年 9 月 18 日，国家电力调度通信中心在北京组织召开了特高压交流二次系统（保护与控制）技术标准编写工作协调会，对特高压技术标准工作提出了明确、具体的要求，并下发文件《关于印发特高压交流二次系统技术标准编写第一次工作会议纪要的通知》（调综〔2007〕231）。会议确定了各标准的主要起草单位、参加编写单位，以及编写工作人员，明确了工作分工、方式和计划安排。其中，《1000kV 断路器保护装置技术要求》编制工作组由国家电力调度通信中心负责，国网电科院牵头，参编单位包括：国家电力调度通信中心、南京南瑞继保电气有限公司、国网电力科学研究院、中国电力科学研究院、北京四方继保自动化股份有限公司、国电南京自动化股份有限公司、许继电气股份有限公司、湖北省电力调度通信中心、国家电网公司特高压建设部等。

2　编制主要原则及思路

（1）2007年初，在晋东南—南阳—荆门1000kV特高压交流试验示范工程建设中逐步形成了该工程的二次系统技术条件，在此技术条件中规定了特高压工程中所使用的断路器保护的配置要求和技术要求，以及一些通用的技术要求。

（2）在常规继电保护装置相关标准和技术条件的基础上，充分考虑特高压系统的自身特点，对断路器保护装置的技术性能提出了更高的要求。

（3）本标准规定 1000kV 特高压交流系统断路器保护装置的基本技术要求、试验方法及检验规则等，为 1000kV 特高压交流系统断路器保护装置的科研、设计、制造、施工和运行等有关部门共同遵守的基本技术原则。

3　主要工作过程

（1）2007年4月，确立编研工作总体目标，构建组织机构，确定参编单位及其人员，开展课题前期研究工作。

（2）2007年6月，编写标准大纲，并将电子版提交编写组成员修改。

（3）2007年9月，国家电网公司国调中心在北京组织召开了特高压交流二次系统（保护与控制）技术标准讨论会，对标准大纲进行详细讨论。

（4）2007年10月，国网电科院根据编写组成员意见编制标准讨论稿，并将电子版提交编写组成员，编写组成员提出修改意见。

（5）2007年11月，召开了编写工作组第一次工作会议，会议对工作组各成员提出的修订意见进行了充分的讨论。会后，由国网电科院汇总大家的意见，形成了标准的征求意见稿交国调中心广泛征求意见。

（6）2008 年 1 月，工作组召开第二次会议，邀请专家对标准初稿进行评审，与会专家对标准初稿进行了认真审议，在肯定初稿满足审议要求的前提下，提出了主要修改意见。

（7）2008年1月，编写组根据评审意见对标准再次进行认真修改，形成了标准报批稿。

4　标准结构及内容

标准主要结构及内容如下：

（1）目次；

（2）前言；

（3）标准正文共设7章：范围，规范性引用文件，技术要求，试验方法，检验规则，标志、包装、运输、储存，其他。

第4篇

维护与检验

中华人民共和国电力行业标准

1000kV 继电保护及电网安全自动装置运行管理规程

Guide for AC 1000kV protection and automation device operating management

DL/T 1239—2013

目 次

前言 …… 147
1 范围 …… 148
2 规范性引用文件 …… 148
3 总则 …… 148
4 职责分工 …… 148
5 技术管理 …… 150
6 检验管理 …… 151
7 动作统计与评价管理 …… 152
8 缺陷管理 …… 152
9 定值管理 …… 153
10 设备评估管理 …… 154
11 保护装置定级管理 …… 154
12 基建工程管理 …… 155
13 故障信息处理系统管理 …… 155
14 备品备件管理 …… 156
15 与相关部门及专业的配合 …… 156

前　言

本标准按照 GB/T 1.1—2009 进行编制。

本标准由中国电力企业联合会提出。

本标准由特高压交流输电标准化技术工作委员会归口并负责解释。

本标准负责起草单位：国家电网公司、华北电力调控分中心、华中电力调控分中心、湖北电力调度控制中心、山西电力调度通信中心、河南电力调度通信中心、华北电力科学研究院有限责任公司、国家电网公司运行分公司。

本标准的主要起草人：杨心平、王宁、张德泉、赵严风、樊丽琴、张太升、王丰、陈宁、余振球、舒治淮、马锁明、吕鹏飞。

本标准在执行过程中的意见或建议反馈至中国电力企业联合会标准化管理中心（北京市白广路二条一号，100761）。

1000kV 继电保护及电网安全自动装置运行管理规程

1 范围

本规程就电力系统交流 1000kV 电压等级继电保护及电网安全自动装置（以下简称保护装置）在职责分工、技术管理、检验管理、动作统计与评价管理、缺陷管理、定值管理、设备评估管理、保护装置定级管理、基建工程管理、故障信息处理系统管理、备品备件管理、与相关部门及专业的配合等方面做了规定要求。

本规程适用于负责 1000kV 保护装置运行维护和管理的单位。有关设计、基建、安装调试单位及部门应遵守本规程中的相关规定。

2 规范性引用文件

下列文件中的引用是必不可少的。凡是注日期的引用文件，仅注日期的版本适用于本文件。凡是不注日期的引用文件，其最新版本（包括所有修改单）适用于本标准。

DL/T 623—2010 电力系统继电保护及安全自动装置运行评价规程

DL/T 995—2006 继电保护和电网安全自动装置检验规程

3 总则

3.1 为了加强 1000kV 保护装置的运行管理工作，实现电力系统的安全稳定运行，特制定本规程。

3.2 本规程规范了 1000kV 保护装置运行维护的各项管理工作及具体实施要求，是 1000kV 电压等级保护装置在运行维护中应遵循的基本原则。

3.3 负责 1000kV 保护装置运行维护的调度人员、现场运行值班人员和继电保护专业人员在工作中均应以本标准为依据，规划、设计、施工、科研、制造等工作也应满足本标准有关章条的要求。

3.4 负责 1000kV 保护装置运行维护管理的人员、相关调度部门的调度人员和继电保护人员及专业领导；相关超（特）高压管理处（公司）、供电（电力）公司、发电公司（厂）（下简称运行维护单位）主管继电保护工作的领导；相关变电站、发电厂运行值班人员；相关运行维护单位继电保护专业人员等应熟悉本规程。

3.5 相关调度部门、运行维护单位应依据本标准制定（或修订）具体 1000kV 电压等级保护装置的运行规程，其中应对一些特殊要求做出补充，并结合本标准同时使用。

4 职责分工

4.1 调度机构继电保护部门

4.1.1 负责直接管辖范围内继电保护装置的配置、整定计算和运行管理；负责电网安全自动装置管理。

4.1.2　负责全网各种类型保护装置的技术管理。

4.1.3　负责制定颁发的有关保护装置规程和标准，结合具体情况，为调度人员制定（修订）保护装置调度运行规程，组织制定（修订）网内使用的保护装置检验规程。

4.1.4　负责保护装置的动作分析；负责对保护装置不正确动作造成的重大事故或典型事故进行调查，并及时下发改进措施和事故通报。

4.1.5　统一管理直接管辖范围内微机型保护装置的软件版本。

4.1.6　负责对调度人员进行有关保护装置运行方面的培训工作。

4.2　运行维护单位继电保护部门

4.2.1　负责保护装置的日常运行、维护及定期检验。

4.2.2　按管辖范围，定期编制保护装置整定方案，处理日常运行工作。

4.2.3　贯彻执行上级颁发的有关保护装置规程和标准，负责为本单位及现场运行值班人员编写保护装置现场运行规程。

4.2.4　统一管理直接管辖范围内保护装置的软件版本。

4.2.5　负责对现场运行人员进行有关保护装置的培训。

4.2.6　保护装置发生不正确动作时，应调查不正确动作的原因，并提出改进措施。

4.2.7　熟悉保护装置原理及二次回路，负责保护装置的异常处理。

4.3　调度运行人员

4.3.1　了解保护装置的原理。

4.3.2　批准和监督直接管辖范围内的各种保护装置的正确使用与运行。

4.3.3　处理事故或系统运行方式改变时，保护装置使用方式的变更应按有关规程、规定执行。

4.3.4　在系统发生事故等不正常情况时，调度人员应根据断路器及保护装置的动作情况处理事故，并做好记录，及时通知有关人员。根据相关装置的测距结果，给出巡线范围并及时通知有关单位。

4.3.5　参加保护装置调度运行规程的审核。

4.4　现场运行人员

4.4.1　了解保护装置的原理及二次回路。

4.4.2　负责与调度运行人员核对保护装置的整定值，负责进行保护装置的投入、停用等操作。

4.4.3　负责记录并向主管调度汇报保护装置（包括投入试运行的保护装置）的信号指示（显示）及打印报告等情况。

4.4.4　执行上级颁发的有关保护装置规程和规定。

4.4.5　掌握保护及故障录波装置的打印方法并熟悉打印（显示）出的各种信息的含义。

4.4.6　根据主管调度命令，对已输入保护装置内的各套定值，允许现场运行人员用规定的方法来改变定值。

4.4.7　在改变保护装置的定值或接线时，要有主管调度的定值及回路变更通知单（或有批准的图样）方允许工作。

4.4.8　对保护装置和有关设备进行巡视。

4.5 继电保护运行维护人员

4.5.1 负责保护装置的日常运行维护、定期检验。

4.5.2 熟悉保护装置原理及二次回路，负责保护装置的异常处理。

4.5.3 负责对现场运行人员进行有关保护装置的培训。

4.5.4 保护装置发生不正确动作时，应调查不正确动作原因。

5 技术管理

5.1 资料管理

5.1.1 保护装置投运时，应具备如下的技术文件：

a）竣工原理图、安装图、技术说明书、电缆清册等设计资料；

b）制造厂提供的装置说明书、保护屏电原理图、装置电原理图、分板电原理图、故障检测手册、合格证明和出厂试验报告等技术文件；

c）新安装检验报告和验收报告；

d）保护装置定值和程序通知单；

e）制造厂提供的软件框图和有效软件版本说明；

f）保护装置的专用检验规程。

5.1.2 运行资料（如保护装置的缺陷记录、装置动作及异常时的打印报告、检验报告和5.1.1 所列的技术文件等）应由专人管理，并保持齐全、准确。

5.1.3 运行中的装置作改进时，应有书面改进方案，按管辖范围经继电保护主管机构批准后方允许进行。改进后应做相应的试验，并及时修改图样资料和做好记录。

5.2 反事故措施管理

5.2.1 调度机构负责组织制定有关继电保护及安全自动装置反事故措施，制定相应的实施细则；督促指导运行维护单位执行反措。

5.2.2 运行维护单位应落实各项反措要求。

5.2.3 运行维护单位在完成每项反事故措施工作后，应将反措执行情况上报有关调度部门备案。

5.2.4 运行维护单位反事故措施的执行情况将作为继电保护专业检查的一项重要内容，并作为安全考核依据。

5.2.5 调度机构应结合本网实际情况，制定本网保护装置的配置及选型原则，推进保护装置规范化和标准化。

5.3 配置及选型管理

5.3.1 调度机构应结合本网实际情况，制定本网保护装置的配置及选型原则。

5.3.2 保护装置的配置及选型，应落实继电保护反事故措施的规定和要求。

5.3.3 保护装置的配置及选型，应推进保护装置的规范化和标准化。

5.4 微机装置软件版本管理

5.4.1 新型微机保护装置投入运行前，必须做有关检测。通过检测试验的软件版本方能投入使用。根据检测报告对有关程序进行修改后形成的新版本，应重新检测，确保不衍生其他问题。通过检测的微机保护装置软件版本必须有相应的标识，包括版本号、校验码及形成时间等。

5.4.2 微机装置软件版本的升级。

5.4.2.1 已投运的微机保护装置软件版本需要升级前，由制造厂家向相应调度机构提出升级申请。升级申请包括升级装置名称、型号、升级原因、新老版本功能区别、新软件版本号、软件校验码、形成时间、试验证明等。若软件版本变动较大，涉及保护原理、功能、逻辑等，必须经相应调度管理部门检测试验确认。

5.4.2.2 装置原软件版本存在严重缺陷，相应调度部门应及时下发有关版本升级的反措文件，限期整改。运行维护单位收到文件后，立即整改。

5.4.2.3 装置原软件版本存在一般缺陷（如报文显示或后台通讯及规约等方面），但不涉及保护原理、功能以及定值等方面，调度部门发布新软件版本，明确允许新、老版本同时存在。新投运装置按新版本要求，原装置暂维持老版本，择机申请升级。

5.4.2.4 运行单位对软件版本有特殊要求时，向相应调度机构提出升级要求，上报相关资料，经审核同意后，方可执行。

5.4.3 软件版本管理职责分工。

5.4.3.1 调度机构继电保护部门

负责对调度管辖范围内的微机保护装置软件版本进行统一管理；负责组织调度管辖范围内新型微机保护装置软件版本的入网确定和运行装置软件版本的升级工作。

5.4.3.2 运行单位

a） 组织专业人员学习软件版本的管理规定，熟知微机保护软件版本，建立软件版本台账。

b） 确保运行的微机保护装置符合规定要求。软件版本文件中未涉及的装置和版本，应上报相应调度机构审批。

c） 保护装置的招标、订货时，在技术协议中对保护装置软件版本提出具体要求。将微机保护软件版本检查列入出厂验收项目。

d） 微机保护装置年度校验和基建工程验收时必须校核其软件版本号、校验码、版本形成时间是否符合要求。

5.4.3.3 设计、基建、生技部门

a） 熟知微机保护软件版本和相关规定。

b） 在基建、改造工程的招标、订货、设计、施工等工作中，严格执行本规定。微机保护装置的标书和订货技术协议中，必须明确提出软件版本条款。

c） 基建、改造工程投产前，按规定上报的资料应包括软件版本，相应调度机构根据软件版本情况进行相关装置的定值整定计算工作。

6 检验管理

6.1 对运行中或准备投入运行的保护装置，应遵照 DL/T 995—2006，并按照相应的继电保护检验标准作业指导书进行定期检验和其他检验工作。

6.2 运行维护单位继电保护部门，要根据季节特点、负荷情况并结合一次设备的检修，合理地安排保护装置检验计划。有关调度部门应予支持配合，并作统筹安排，使保护装置定期检验工作能顺利开展。

6.3 检验工作中，必须严格执行有关电力生产的安全工作规程及继电保护现场标准化作业有关规定，并按符合设备实际安装情况的正确图纸进行现场检验工作；复杂的检验工作事先应制订实施方案。

6.4 主要厂、站应配备专用试验仪器，检验用仪表的精确等级及技术特性应符合规程要求，所有测试仪表均需定期校验，以确保检验质量。

6.5 继电保护检验时应认真做好记录；检验结束时应及时向运行人员交代，并认真填写继电保护工作记录簿；结束后，应及时整理检验报告。

6.6 当保护装置发生不正确动作后，应及时向上级继电保护部门及整定管辖部门报告，并保留现场原有状态，及时进行事故后的现场检验。检验项目根据不正确动作的具体情况确定。重大事故的检验工作应与上级继电保护及安监部门商定，并应有有关部门参加协助分析，找出不正确动作原因，制订对策。

7 动作统计与评价管理

7.1 继电保护动作统计分析工作分为两个部分，一是动作指标统计，二是事故报告分析。根据 DL/T 623—2010 保护装置的动作统计分析和运行评价实行分级管理，各单位要对管辖的装置运行情况进行综合统计分析并逐级上报。

7.2 运行维护单位应对故障录波分析报告进行规范化管理，认真对故障录波和继电保护动作报告进行分析，积累故障分析资料，并及时将故障分析报告上报主管调度。

7.3 电力系统各级继电保护机构对所管辖的保护装置的动作情况，应按照 DL/T 623—2010 进行统计分析及评价，并及时上报。

7.4 保护装置发生不正确动作时，应及时查明原因，提出改进对策，消除隐患。对经过调查、试验、分析仍不能确定不正确动作原因的，则需要写明完整的事故调查分析报告，经部门主管领导批准，报上级部门认可。

7.5 因保护不正确动作引起或扩大电网事故，造成设备严重损坏等重大事故，相关继电保护部门应积极配合上级主管部门作专题事故调查，对保护装置动作情况进行综合分析并提出整改措施，并配合主管部门编发事故通报。

8 缺陷管理

8.1 保护装置缺陷定级按缺陷的程度分为危急、严重、一般缺陷。各运行维护单位应建立并完善继电保护缺陷管理制度，提高保护装置的运行率，确保电网安全稳定运行。

8.2 保护装置发生异常时，现场运行值班人员应立即向调度值班员和上级管理部门汇报，并通知运行维护部门进行处理。调度部门应配合安排系统运行方式，便于异常处理。如装置存在重大缺陷，应由调度继电保护专业组织运行维护单位、生产厂家等部门共同处理。

8.3 运行维护单位继电保护部门接到缺陷通知后，应尽快组织专业人员到现场处缺，尽快恢复装置正常运行。

8.4 运行维护单位继电保护部门应建立管辖范围内保护装置消缺工作档案，做好记录；同时按照继电保护专业汇报要求及时报送。

9 定值管理

9.1 定值计算管理

9.1.1 全网各级保护装置定值要求严格地进行配合整定。保护装置定值计算实行分级整定管理，各级管辖范围内的定值计算基本原则必须统一。

9.1.2 各级继电保护部门应执行国家和行业颁布的有关法规、规程以及上级颁布的各种规程、规定。

9.1.3 继电保护部门负责电气量保护的定值计算工作；系统（方式）部门负责安全自动装置、线路过电压、重合闸方式及时间等与系统有关的定值计算工作。

9.2 定值运行管理

9.2.1 系统稳定和定值配合有要求的元件，不允许无快速保护运行。特殊情况须经主管生产领导批准。若影响到相邻的保护产生越级动作扩大事故时，除本单位有关领导批准外，还须经上一级（或相邻设备的）调度部门同意方可执行。

9.2.2 在规定期限内完成改变定值工作，缩短系统保护定值不配合时间。涉及线路纵联保护改变定值工作，应两侧配合同时进行。

9.2.3 新设备投运时，须按电力调度规程细则或调度执行方案的规定投入该投的保护，防止错投或漏投保护。所有保护的运行状态，均须根据调度命令执行。所有新投运设备的保护装置必须与一次设备同步投运。

9.2.4 根据继电保护整定方案的要求，继电保护部门应与调度、系统部门共同编制有关运行规定，经主管领导批准后，以书面形式供调度运行人员执行。

9.2.5 一次系统或继电保护的检修工作，当影响到相邻的继电保护运行状态时，应提前向受影响的相邻保护的负责部门提出配合要求，事故的紧急情况除外。需要临时变动保护定值的有关单位，应积极给予配合。

9.2.6 并网电厂的继电保护定值运行管理，应列入并网调度协议；加强用户与系统继电保护的分界接口定值管理，并列入有关管理协议。

9.3 定值单的管理

9.3.1 继电保护定值通知单（简称定值单）是现场整定试验的依据。定值单应编号并注明编发日期，编号必须唯一，不得重复。

9.3.2 保护装置新投入运行前或定值变更后，经现场运行人员和当值调度员进行定值（正式定值单）核对正确，方可投入运行。

9.3.3 现场整定定值，应执行最新的定值单。如有疑问，及时与保护整定计算部门联系。如保护定值需要调整，应严格履行相关审批程序。

9.3.4 继电保护运行维护人员应在规定的期限内完成现场装置定值的整定工作。执行正式定值单必须经继电保护运行维护人员和现场运行人员签字确认。

保护检验、保护装置本体消缺，或其他可能影响保护定值的工作结束后，继电保护运行维护人员应重新核对运行定值。

9.3.5 现场运行值班人员应按规定与调度值班员核对保护定值。

9.3.6 系统出现临时方式时，临时变动定值应发临时定值单。紧急情况下，保护部门可先行口头通知调度部门（调度员应做好记录）和定值更改单位，然后补发定值单。现场接到定值单后应及时进行核对。

9.3.7 定值单应分发至相关单位和部门。

9.3.8 定值单应妥善归档保管，以便于查找、核对。执行定值单、未执行定值单、作废定值单应分别存放，根据变动随时撤旧换新，以保证正确性和唯一性。定值单应定期进行整理，保证定值单与现场装置实际整定值一致。

10 设备评估管理

10.1 对保护设备进行定期评估，及时发现并掌握设备运行、维护、检修及技术监督管理中反映的问题。定期统计、分析、评估保护设备状况，总结其运行状况规律，制定有针对性的预防事故措施，可以规范电网安全生产管理，确保电网安全稳定运行。

10.2 各级调度部门和设备管理部门，应定期对所管辖保护设备的健康状况进行综合评估分析，掌握这些装置的缺陷和突出问题，提出防范的组织、技术措施，并根据轻重缓急，安排在临时消缺、计划检修和技术改造中实施。各级职能部门应按照此原则对管辖的保护设备定期进行综合评估。并网电厂涉及电网安全的继电保护设备情况，应按调度部门要求进行定期评估，并将情况按时向调度部门通报。

11 保护装置定级管理

11.1 评定设备健康水平时应将一、二次电气设备作为整体进行综合评定，保护装置应以被保护设备（如线路、母线、发电机、变压器、电动机、电网等）为单位进行设备定级，而故障录波器则按套进行。

11.2 新装保护装置应在第一次定期检验后开始定级。运行中的保护装置，在每次定期检验后进行定级；当发现或消除缺陷时，应及时重新定级。

11.3 各运行维护单位应建立定级记录簿，年终对保护装置的定级情况进行一次全面分析，提出消除缺陷的措施计划，并逐级上报。

11.4 保护装置定级分为三类：

11.4.1 一类设备的保护装置，其技术状况良好，性能完成满系统安全运行要求，并符合以下主要条件：

a） 保护屏、继电器、元件、附属设备及二次回路无缺陷。

b） 装置的原理、接线及定值正确，符合有关规程、条例规定及反事故措施要求。

c） 图纸资料（包括试验记录、技术参数等）齐全、符合实际。

d） 检验期限、项目及质量符合规程规定和标准作业指导书要求。

e） 运行条件良好（包括抗干扰措施）。

11.4.2 二类设备的保护装置比一类设备稍差，但装置无重大缺陷，技术状况和性能不影响系统安全运行。

11.4.3 三类设备的保护装置或是配备不齐，或是技术性能不良，因而影响系统安全运行（如不正确动作等）。如主要保护装置有下列情况之一时，亦应评为三类设备。

a） 装置未满足系统要求，在故障时能引起系统振荡、瓦解事故或严重损坏主要设备者（如故障切除时间过长，母线保护及线路纵联保护应投入而未投入，变压器瓦斯保护未能可靠投入跳闸等）。

b） 未满足反事故措施要求。
c） 供运行人员操作的连接片、把手、按钮等没有标志。
d） 图纸不全且不符合实际。
e） 故障录波器不能完好录波或未投入运行。

12 基建工程管理

12.1 规划与设计部门在编制系统发展规划、系统设计和确定厂、站一次接线时，应考虑保护装置的技术性能和条件，听取继电保护部门的意见，使系统规划、设计及接线能全面综合地考虑到一次和二次的问题，以保证系统安全、经济、合理。
12.2 新扩建工程设计中，必须统筹考虑继电保护适应性。系统保护装置设计的选型、配置方案及原理图应符合有关反措要求，设计部门应事先征求继电保护专业管理部门的意见。
12.3 新建电气设备及线路参数，应按照有关基建工程验收规程的规定，在投入运行前进行实际测试。
12.4 为保证基建工程的安全投产，负责整定计算的继电保护机构，应配合工程进度及时提供保护整定值。所需的电气一次接线图、保护原理图、电气设备（包括线路）参数等，应根据工程具体情况，由负责工程施工单位或建设单位（或委托工程设计单位）统一归口，按照要求时间（一般在投运前三个月）尽早提交负责整定计算的继电保护机构，以便安排计算。实测参数亦应提前送交，以便进行校核，给出正式整定值。
12.5 新建工程保护装置的验收应认真执行有关基建工程验收规范。以设计图纸、设备合同和技术说明书、相关管理法规、相关验收规范等有关规定为依据。按检验作业指导书及有关规程进行调试，按定值通知单进行整定。所有保护装置均应在检验和整定完毕，并经运行维护部门验收后，才能正式投入运行。
12.6 新装保护在投入运行后一年以内，经过分析确认系由于调试和安装质量不良引起保护装置不正确动作或造成事故时，责任属基建单位。运行单位应在投入运行后一年内进行第一次全部检验。

13 故障信息处理系统管理

13.1 继电保护故障信息系统由主站系统、子站系统以及相应的通道和辅助设备等构成。主站系统安装在调度端，可接收并读取各子站系统的信息；子站系统安装在各厂站，汇集厂站保护装置、故障录波器信息，通过调度数据网向主站传送信息。
13.2 主站系统的运行管理。

调度机构负责主站系统的技术管理和日常运行维护：

a） 检查主站接收的各厂站传送的信息，并进行分析处理。对有保存价值的信息进行编号、归类、存档，并及时删除无保存价值的信息。
b） 系统发生故障时，负责对有关子站传送的信息进行分类处理，及时将故障情况的初步分析结果告知有关部门，以便及时处理事故或异常。同时对故障文件建档，并根据需要利用后台分析软件对故障信息进行分析计算，写出故障分析报告。
c） 定期检查故障信息系统的通信情况，发现通道异常或无法与子站进行通信时，及时通知现场和有关通信部门进行处理。日常对主站装置进行检查，发现问题及时组织处理。

13.3 子站系统的运行管理。

各运行维护单位负责子站系统的运行维护：

a） 负责对子站系统进行日常维护、信息调用、监视和处理异常等。

b） 负责子站系统的参数设定，定期对子站系统进行检查并做好记录。检查项目包括子站的工作情况、子站硬盘的使用情况、子站系统与故障录波器、保护装置和行波测距装置的通信状态、GPS 的同步情况等。

c） 按区内、区外故障以及无故障跳闸进行分类管理。对有价值的故障档案进行备份。

d） 在保护装置上进行工作时，应采取相应的技术措施，不得影响子站系统的正常运行。

13.4 通道设备的运行管理。

13.4.1 通道设备由相关专业部门负责运行维护。

13.4.2 有关专业人员应重视主、子站通道的运行维护，发生通道异常应及时处理，确保通道畅通。

14 备品备件管理

14.1 加强保护装置的备品备件管理，缩短处理保护装置缺陷时间，提高继电保护投运率，保证电网安全运行。

14.2 运行维护单位应配置相应的备品、备件，以满足运行需要。

14.3 运行维护单位应建立健全备品、备件管理制度。设立备品库，设专人管理；具备备件台账，备件的使用应履行必备的手续。

14.4 运行维护单位设备的备件台账，每年应定期上报主管部门。

14.5 加强备件库的维护。对不同种类保护装置分类管理；对备品、备件应精心保管，确保备件的完好性；每年均应对备件库定期进行补充。

15 与相关部门及专业的配合

15.1 与规划设计部门的配合

15.1.1 新建、扩建、改建工程的可研、初设审查应有继电保护专业人员参加。

15.1.2 工程设计必须从整个系统出发，统筹考虑继电保护的适应性。系统保护装置设计的选型、配置方案应符合相关规程规定。

15.2 与基建部门的配合

15.2.1 基建部门应提前提出计划投产日期，并按规定提供相关资料，以便安排整定计算工作。新建、扩建、改建工程投产需要的继电保护定值，应按实际工程投产阶段进行计算。

15.2.2 新建、扩建、改建工程投产前，均须实测有关参数，并提供实测参数报告。

15.3 与通信专业的配合

15.3.1 继电保护专业应加强与通信专业协调配合，防止专业职责不清造成继电保护装置异常停运或不正确动作。

15.3.2 通信和继电保护专业应协调统一管辖范围内的继电保护复用通道的名称。

15.3.3 通信人员在通道设备上工作影响继电保护装置的正常运行时，作业前通信人员应履行相关手续，经调度批准后，方可进行工作。

15.3.4 采用专用光芯通道，保护装置与光纤配线架（ODF）之间的通道设施由继电保护部门管辖和维护，其余由通信部门维护；复用光纤通道，保护装置与光电转换装置（O/E）之间（含 O/E）的通道设施由继电保护部门管辖和维护，其余由通信部门维护。

中华人民共和国电力行业标准

1000kV 继电保护及电网安全自动装置检验规程

Testing regulations on AC 1000kV protection and security automatic equipments

DL/T 1237—2013

目　　次

前言 …… 160
1　范围 …… 161
2　总则 …… 161
3　继电保护检验管理 …… 161
4　检验种类及周期 …… 162
5　检验前的准备工作 …… 165
6　现场检验 …… 168
7　检验验收及投运 …… 176
8　检验报告整理及存档 …… 177
附录 A（资料性附录）　继电保护检验所需仪器仪表及工器具 …… 178
附录 B（资料性附录）　继电保护检验流程 …… 180

前　言

本标准按照 GB/T 1.1—2009 进行编制。

本标准由中国电力企业联合会提出。

本标准由特高压交流输电标准化技术工作委员会归口并负责解释。

本标准负责起草单位：国家电网公司、华北电力调控分中心；国家电网公司运行分公司、华中电力调控分中心、山西电力调度通信中心、河南电力调度通信中心、湖北电力调度控制中心、湖北超高压输变电公司、华北电力科学研究院有限责任公司。

本标准的主要起草人：王宁、李建建、陕华平、马锁明、徐玲铃、张德泉、田俊杰、刘华、王有怀、于雷、李群炬。

本标准在执行过程中的意见或建议反馈至中国电力企业联合会标准化管理中心（北京市白广路二条一号，100761）。

1000kV 继电保护及电网安全自动装置检验规程

1 范围

本规程规定了交流 1000kV 电压等级继电保护和电网安全自动装置及其二次回路接线（以下简称继电保护）的检验类型、周期、内容及要求。

本规程适用于 1000kV 电压等级继电保护的检验工作，1000kV 变电站内其他电压等级设备参照本规程执行。

2 总则

2.1 为加强 1000kV 继电保护检验工作管理，提高检验管理水平，确保 1000kV 电网安全稳定运行，特制定本规程。

2.2 本规程规范了 1000kV 继电保护检验工作的各项管理工作及具体实施要求，是 1000kV 电压等级继电保护在检验中应遵循的基本原则。

2.3 运行维护单位应在本规程和有关技术资料基础上，编制各继电保护现场检验工作的标准化作业指导书或指导卡（以下简称作业指导书），依据主管部门批准执行的作业指导书开展现场检验工作。

2.4 本规程中的继电保护装置、电网安全自动装置均为微机型，检验时充分利用其“自检”功能，着重检验“自检”功能无法检测的项目。

2.5 检验使用的仪器、仪表应定期校验，确保其准确级和技术特性符合有关要求。

2.6 检验中应按要求做好记录，检验结束后应将报告整理归档。

3 继电保护检验管理

3.1 一般要求

3.1.1 继电保护检验工作要确保完成率达到 100%。

3.1.2 检验项目不得漏项，要防止继电保护检验工作不到位引发的继电保护不正确动作。

3.1.3 继电保护原则上随同一次设备停电进行检验。各运行维护单位应结合电网实际情况，合理安排一次设备检修及继电保护检验工作，确保继电保护按正常周期进行检验。

3.1.4 新安装继电保护在投运后 1 年内应进行第一次全部检验。

3.1.5 线路两侧继电保护设备检验工作应同时进行。

3.1.6 行波测距装置、故障录波器、保护故障信息子站等与多个一次设备关联，其检验宜结合一次设备停电进行并做好安全措施；不具备条件的可单独申请退出运行进行检验。

3.1.7 安全自动装置的检验工作应统筹协调，合理安排。

3.1.8 各级继电保护管理部门应高度重视继电保护检验工作，设立继电保护检验管理专责人。

3.2　组织管理及职责

3.2.1　组织管理

3.2.1.1　调度部门负责组织协调 1000kV 继电保护检验工作。

3.2.1.2　运行维护单位负责组织实施现场继电保护检验工作。

3.2.2　管理职责

3.2.2.1　调度部门

a）制定 1000kV 电网继电保护检验工作有关管理规定；

b）协调调度范围内有关继电保护检验工作；

c）检查督促运行维护单位继电保护检验工作；

d）组织解决继电保护检验工作中发现的重大问题；

e）统计 1000kV 继电保护检验工作计划及完成情况；

f）对 1000kV 继电保护检验工作进行考核。

3.2.2.2　运行维护单位

a）贯彻执行上级主管部门制定的继电保护检验有关规定。根据实际情况，制定本单位继电保护检验工作管理细则；

b）编写、修编运行维护范围内继电保护检验作业指导书；

c）制订继电保护检验工作计划并组织实施；

d）解决继电保护检验工作中发现的问题；

e）定期对继电保护检验工作进行总结，并上报有关报表；

f）根据继电保护检验情况，提出继电保护技术改造及大修项目计划。

3.3　继电保护现场检验作业指导书管理

3.3.1　作业指导书应按照继电保护现场标准化作业管理规定及相关继电保护检验规程和文件要求进行编写，并含有检验报告的所有内容。

3.3.2　作业指导书应履行审批手续，经批准后生效。

3.4　计划及报表管理

3.4.1　每年 12 月 1 日前，运行维护单位向调度部门上报下一年继电保护年度检验计划。

3.4.2　每年 1 月 15 日前，运行维护单位向调度部门上报上一年度继电保护检验工作完成情况及检验工作总结。

3.4.3　运行维护单位定期向调度部门上报每月继电保护检验完成情况、发现的缺陷及下月继电保护检验计划。

4　检验种类及周期

4.1　检验种类

检验分为三种：

a）新安装装置验收检验；

b）运行中装置的定期检验（简称定期检验）；

c）运行中装置的补充检验（简称补充检验）。

4.1.1　新安装装置的验收检验，在下列情况进行：

a）当新安装的一次设备投入运行时；

b）当在现有的一次设备上投入新安装的装置时。

4.1.2　定期检验分为三种：

a）全部检验；

b）部分检验；

c）用装置进行断路器跳、合闸试验。

4.1.3　补充检验分为五种：

a）装置进行较大的更改或增设新的回路后的检验；

b）检修或更换一次设备后的检验；

c）运行中发现异常情况后的检验；

d）事故后检验；

e）已投运的装置停电一年及以上，再次投入运行时的检验。

4.2　定期检验周期与项目

4.2.1　定期检验应根据本规程所规定的周期、项目及各级主管部门批准执行的作业指导书进行。

4.2.2　新安装的装置 1 年内进行 1 次全部检验，以后每 2 年～3 年进行一次部分检验，每 6 年进行一次全部检验，定期检验周期见表 1。

表 1　定期检验周期

序号	设备类型	全部检验周期	部分检验周期
1	1000kV 保护装置	6 年	2 年～3 年
2	1000kV 线路保护专用光纤、复用光纤通道	6 年	2 年～3 年

4.2.3　在制定部分检验周期计划时，装置的运行维护部门可根据装置的制造质量、运行工况、运行环境与条件，适当缩短检验周期、增加检验项目。若发现装置运行情况较差或已暴露出了需予以监督的缺陷，可考虑适当缩短部分检验周期，并有目的、有重点地选择检验项目。

4.2.4　定期检验的全部、部分检验项目见表 2。

表 2　定期检验的全部、部分检验项目

序号	检验项目		新安装	全部检验	部分检验
1	外观及接线检查	外观及接线检查	√	√	√
		装置硬件跳线的检查	√	√	
2	逆变电源检查	自启动性能检查	√	√	√
		输出电压及稳定性检测	√	√	√
3	通电检验	装置通电初步检验	√	√	√
		人机对话功能及软件版本检查	√	√	√
		校对时钟	√	√	√

表 2（续）

序号	检　验　项　目			新安装	全部检验	部分检验
3	通电检验	定值整定及功能检查		√	√	√
		模数变换系统检验		√	√	√
		开关量输入/输出回路检验		√	√	√
4	装置功能及定值检验	装置定值检验		√	√	
		装置功能检验		√	√	√
5	整组试验	与其他保护装置联动试验		√	√	√
		与断路器失灵保护配合联动试验		√	√	√
		与监控系统的联动试验		√	√	√
		开关量输入的整组试验		√	√	
		断路器传动试验		√	√	√
6	带通道联调试验	通道检查试验		√	√	√
		保护装置带通道试验		√	√	√
7	二次回路检验	二次回路常规检查	户外端子箱检查及清扫	√	√	√
			屏蔽接地检查	√	√	
		二次回路绝缘检查	电缆线芯对地	√	√	√
			电缆线芯之间	√		
		二次回路检验	电流回路直阻测量	√	√	√
			其他项目	√		
			TV 端子箱自动开关试验	√	√	
			其他项目	√		
8	配合进行断路器相关回路的检查	结合断路器压力闭锁检查进行跳合闸试验		√	√	√
		断路器跳合闸回路直阻检查		√	√	
		断路器防跳功能检查		√	√	√
		断路器本体非全相保护传动		√	√	√
9	定值及保护状态打印核对	定值及保护状态打印核对		√	√	√
10	带一次负荷试验	新设备投入或电流、电压回路变动的，利用工作电压及负荷电流检查接线的正确性		√	√	

4.2.5　定期检验工作时间见表 3。

表 3　定期检验工作时间

序号	设备类型	全部检验时间	部分检验时间
1	1000kV 线路配置的微机型保护装置、通道、二次回路（包括断路器、短引线、电抗器等保护）	5 天	4 天
2	1000kV 变压器（包括调压变压器、补偿变压器）配置的微机型保护装置及二次回路（包括断路器、短引线等保护）	5 天	4 天
3	1000kV 母线差动保护装置及二次回路	3 天	2 天
注：以上时间包括一次设备配置的所有继电保护检验所需时间。			

4.2.6　母线保护、断路器失灵保护及电网安全自动装置中投切发电机组、切除负荷、切除线路或变压器的跳合断路器试验，允许用导通方法分别证实至每个断路器接线的正确性。

4.3　补充检验的内容

4.3.1　因检修或更换断路器、电流互感器（以下简称 TA）和电压互感器（以下简称 TV）等一次设备所进行的检验，应由装置的运行维护部门根据一次设备检修或更换的性质，确定其检验项目。

4.3.2　运行中的装置经过较大的更改或装置的二次回路变更后，应由装置的运行维护部门进行检验，并按其工作性质，确定其检验项目。

4.3.3　凡装置发生异常或装置不正确动作且原因不明时，运行维护部门根据事故情况，有目的地确定检验项目及检验顺序，尽快进行事故后检验，检验工作结束后，应及时向调度部门提出报告。

4.3.4　其他需要对保护进行检验的情况。

5　检验前的准备工作

5.1　总体要求

检验前应根据检验类型、被检验装置的一次设备情况、与其相关联的一、二次运行设备的详细情况，统筹安排好以下工作：人员组织及分工、检验项目及进度表、特殊项目的检验方案、检验项目的标准、危险点分析和作业指导书，保证检验安全和质量的技术措施、组织措施、检验工具、仪器仪表、备品备件、图纸、资料、检验工作流程图等。

5.2　工作安排

5.2.1　运行维护单位应按照电力生产安全工作规定要求，合理安排现场检修工作，确保人身、电网、设备的安全。

5.2.2　应合理调配继电保护检验人员和设备，明确检验负责人。

5.2.3　在检修工作前，运行维护单位应结合一次设备停电计划，提前做好检修准备工作，提出工作所需设备、材料计划，根据具体情况在检修工作前提交相关停电申请。准备工作包括：检查设备状况、反措计划的执行情况及设备的缺陷；收集同类型装置在系统中的运行情况，有无版本更新与反措要求；对装置运行状态进行检验前评估。

5.2.4　运行维护单位应按照有关工作票申请制度，提前申请继电保护检验工作。

5.2.5　根据本次检验的项目，全体参与检验工作的人员应认真学习检验作业指导书，熟悉作业内容、进度要求、作业标准、安全注意事项。

5.2.6　根据现场工作时间和工作内容落实工作票。工作票应填写正确，安全措施应完备。当多个专业合用一张工作票时，应确保各项工作任务明确、责任到位。

5.3　技术资料

a）继电保护检验规程、规定；

b）继电保护现场检验作业指导书；

c）保护装置及二次回路设计图、竣工图、电缆清册；

d）保护装置技术说明书、调试大纲；

e）出厂试验报告、基建投产调试报告、最近一次检验报告；

f）继电保护反事故措施文件；

g）缺陷情况记录；

h）上一检验周期内继电保护的动作情况；

i）保护装置最新定值通知单；

j）保护装置软件版本资料。

5.4　检验仪器、仪表、工器具及材料

5.4.1　继电保护班组应配置必备的检验用仪器仪表，应能满足继电保护检验需要，确保检验质量。可根据现场实际需要，参照附录 A.1 配备。

5.4.2　定值检验应使用不低于 0.5 级的仪器、仪表。

5.4.3　装置检验所用仪器、仪表应经过检验合格。

5.4.4　微机型继电保护试验装置应经过检验合格。

5.4.5　可根据现场实际需要准备工器具及材料，参照附录 A.2 和附录 A.3 配备。

5.5　备品备件

按照检验工作实际需要配备电源插件、管理板、通信板、直流自动开关等。

5.6　危险点分析

5.6.1　工作时应加强监护，防止误入运行间隔。

5.6.2　做安全技术措施前，应先检查二次工作安全措施票和实际接线及图纸的一致性，确认一致后，方能开展工作。

5.6.3　严防电流回路开路、多点接地、失去接地点和电压回路短路、多点接地、失去接地点及未断开电压回路通电造成反充电引发事故。

5.6.4　严防漏拆联跳接线或漏退压板，造成误跳运行设备。

5.6.5　断路器保护检验时，应采取措施防止误启动运行中的母线（失灵）保护、远方跳闸和误跳运行断路器。

5.6.6　继电保护传动时应由专人指挥，相互协调；传动断路器应征得工作负责人同意，确认安全后方可进行。应尽量减少传动断路器的次数。

5.6.7　进行继电保护检验或 TA 试验时，应断开被试验设备与运行设备的联系，防止将试验电流通入母线保护、故障录波器等运行设备。

5.6.8 对 3/2 接线在断路器停电工作封 TA 时，要注意停电断路器 TA 回路断开和短接的顺序，也要避免误封同串相邻断路器的 TA。

5.6.9 当攀爬高处架构时，易造成高空摔落，应采取必要的安全措施。

5.6.10 当使用外部计算机或可存储介质与保护装置、故障录波器和故障信息子站等连接时，应采取防止病毒入侵的措施。

5.7 安全措施

5.7.1 进入工作现场，须正确穿戴和正确使用劳动保护用品，工作中应使用绝缘工具。

5.7.2 在工作票签发后工作开始前，工作负责人应向工作成员详细说明工作内容、工作范围、相邻带电设备、危险点等情况。

5.7.3 按工作票检查一次设备运行情况和措施，以及被试继电保护屏上的运行设备。检查确认运行人员所作安全措施满足要求。检查本屏所有继电保护压板位置，并做好记录；检查联跳运行设备的回路已断开。

5.7.4 工作时应认真核对回路接线，查清联跳回路电缆接线，如需拆线，应用绝缘胶布包好，并做好记录，工作结束后确保完整恢复。

5.7.5 当进行 TA 变比测试时，应将非被试绕组用短路线可靠短接，避免二次产生的高电压造成人身伤害。

5.7.6 继电保护室内禁止使用无线通信设备，防止因辐射电磁场干扰造成保护装置不正确动作。

5.7.7 使用仪表应正确选择挡位及量程，防止损坏仪表或因误用低内阻挡测量直流回路造成直流接地、短路和误跳运行设备。

5.7.8 禁止带电插拔插件，防止造成芯片及电子元器件损坏；触及芯片前应作好静电防护措施；避免频繁插拔插件，防止造成接触不良；整组试验后，严禁插拔插件。

5.7.9 对双回线路的纵联保护通道，应采取措施，确认每回线路保护通道与一次线路一一对应，防止发生通道交叉接错。

5.8 开工

5.8.1 工作负责人会同工作许可人检查工作票上所列安全措施正确完备，经现场检查无误后，与工作许可人办理工作票许可手续。

5.8.2 开工前，工作负责人检查工作班成员正确使用劳保用品。工作负责人带领工作班成员进入作业现场并详细交代作业任务、安全措施和安全注意事项、设备状态及人员分工。全体工作班成员应明确作业范围、进度要求等内容，并在到位人员签字栏内分别签名。

5.8.3 根据工作票中“现场工作安全技术措施”的要求，完成安全技术措施并逐项打上已执行的标记，将继电保护屏上各压板及小开关原始位置记录在“现场工作安全技术措施”上，在做好安全措施工作后，方可开工。

5.9 检修电源的使用

5.9.1 继电保护检验所需电源应取自检修电源箱或继电保护试验电源屏，不应采用运行设备的交、直流电源。

5.9.2 检修电源应接至检修电源箱的相关电源接线端子，在工作现场电源引入处应配置有明显断开点的刀闸和漏电保安器。

5.9.3　接取电源前应验电，用万用表确认电源电压等级和电源类型无误后，先接刀闸处，再接电源侧。

6　现场检验

6.1　工作实施

6.1.1　继电保护现场检验工作应严格执行电力生产安全工作规定、继电保护和电网安全自动装置现场工作保安规定等规定。

6.1.2　继电保护现场检验工作应按照作业指导书的要求实施，流程可参照附录 B。

6.1.3　执行、恢复安全措施时，应有专人监护。

6.1.4　检验中发现的问题，应在投运前解决，并报告主管部门。

6.2　装置总体检查

6.2.1　外观检查

6.2.1.1　检查前应断开交流电压回路，控制电源、信号电源。

6.2.1.2　屏柜检查及清扫。

a）检查装置内、外部清洁无积尘；清扫屏柜面板及屏内端子排上的灰尘，检查装置背板端子排螺丝锈蚀情况，后板配线连接良好；接线应无机械损伤，端子压接应紧固；

b）对继电保护屏后接线、插件外观及压板接线进行检查，外部接线应正确，接触可靠，标号完整清晰，与设计图纸相符。

6.2.1.3　拔插插件时，采取防止静电损坏插件的措施。

6.2.2　逆变电源检查

a）有条件的，应测量逆变电源各级输出电压值满足要求；

b）直流电源缓慢上升时的自启动性能满足要求；

c）检查逆变电源使用年限，超过使用年限的应进行更换。

6.2.3　校对时钟

校对保护装置时钟至当前时钟；对与统一授时系统连接的保护装置，应检查保护装置时钟的准确性及授时的正确性。

6.2.4　定值整定、修改、核对

6.2.4.1　能正确输入和修改整定值；

6.2.4.2　在直流电源失电后，不丢失或改变原定值，时钟正确无误；

6.2.4.3　装置整定定值与定值单一致。

6.2.4.4　重点要求。

a）应严格按照调度部门下发的定值通知单执行，若有疑问，应及时向调度部门反映；

b）定值整定、修改、切换定值区后，应注意使装置恢复运行状态。

6.2.5　软件版本检查

6.2.5.1　检查保证装置软件版本符合调度部门软件版本有关要求。

6.2.5.2　软件版本检查时，应注意线路两端纵联保护程序的一致性。防止因程序版本使用不当引发保护装置不正确动作。

6.2.6 电流、电压零漂检验

6.2.6.1 将保护装置的电流、电压输入端子与外回路断开，确保装置交流端子上无任何输入。

6.2.6.2 查看、调整各模拟量零漂。要求零漂值在 $0.01I_n$（或 0.05V）以内。

6.2.7 电流、电压精度检验

按与现场相符的图纸将试验接线与继电保护屏端子排连接，用继电保护测试装置，输出 U_a、U_b、U_c、I_a、I_b、I_c 接至保护装置输入电压 U_a、U_b、U_c、I_a、I_b、I_c（保护装置如有 $3I_0$，则串接测试装置输出 I_a，如有 U_x 则并联到 U_A 上），通入要求值，并查看各模拟量显示值。检查装置采样值与外部表计测量值误差满足要求，电流在 5%额定值时，相对误差应小于 5%，或绝对误差应小于 $0.01I_n$；电压在额定值时，应小于 2%；角度误差不大于 3。

6.2.8 保护装置开入量检查：对所有引入端子排的开关量输入回路依次施加、撤除激励量，检查装置反应正确。

a) 保护装置能反映各开入量的 0→1 或 1→0 变化；

b) 对于包含强、弱电两种开入的保护装置，试验时要注意防止强、弱电混接损坏装置插件。

6.2.9 保护装置开出量检查

a) 配合继电保护传动进行检查。保护装置跳合闸出口、录波、监控信号以实际传动断路器进行检验，确认信号正确；联跳回路传动至压板，分别量测压板两端对地电位进行检验；启动失灵回路由端子排分别量测电缆芯线对地电位及量测保护装置动作接点、电流判别元件动作接点通断；回路中用到的动合、接点应能可靠接通或断开。

b) 与其他保护装置联系的开出量，用万用表直流高电压挡（内阻大于 10kΩ）测量压板对地电压。联跳压板、失灵启动压板严禁投入。

c) 电源故障、TA 断线、开入异常、装置异常等信号可分别通过关掉电源开关、加入单相电流、短接相应开入量等方法进行试验，同时监视对应开出信号接点的动作情况及监控系统信号正确。

6.3 装置功能及定值常规项目检查

试验前，跳闸压板保持在断开位置。试验结束后，应恢复正常接线和运行定值。

6.3.1 纵联（差动）保护检验要求：纵联保护的动作行为符合设计动作逻辑。保护装置主保护功能压板投入，将重合方式置于定值通知单要求方式，断路器模拟为合闸状态且通道正常。

6.3.1.1 线路纵联保护检验要求

a) 试验采用模拟突然短路的方法进行，在模拟出口短路之前，应先加额定电压，再加故障电流，故障时间为 100ms～150ms；

b) 模拟各种区内故障，观察保护装置动作情况并记录纵联保护的动作时间；

c) 模拟各种区外故障，装置应可靠不动作；

d) 可采用通道信号转发等方式进行检验。

6.3.1.2 线路分相电流差动保护检验要求

a） 检查线路分相电流差动保护定值，在 0.95 倍定值时，差动保护应可靠不动作；在 1.05 倍定值时，差动保护应可靠动作；

b） 可在通道自环的方式下进行检验。

6.3.1.3 变压器差动保护检验要求

a） 分别从高压侧、中压侧或低压侧通入单相电流，检查比率差动保护定值；

b） 分别从高压侧、中压侧或低压侧通入单相电流，检查差动速断定值；

c） 检查电流在 0.95 倍定值时，差动保护应可靠不动作；在 1.05 倍定值时，差动保护应可靠动作。

6.3.1.4 母线差动保护检验要求

a） 在电流端子处加交流电流，模拟母线区内故障，母线差动保护应瞬时动作，切除本母线上的所有支路。

b） 检查电流在 0.95 倍定值时，差动保护应可靠不动作；在 1.05 倍定值时，差动保护应可靠动作。

c） 检查母线保护内部失灵直跳功能，并传动正确。

6.3.1.5 高压电抗器差动保护检验要求

a） 分别从高压侧、中性点侧通入单相电流，检查比率差动保护定值；

b） 分别从高压侧、中性点侧通入单相电流，检查差动速断定值；

c） 检查电流在 0.95 倍定值时，差动保护应可靠不动作；在 1.05 倍定值时，差动保护应可靠动作。

6.3.2 距离（阻抗）保护定值检验要求

a） 距离保护的动作行为符合设计动作逻辑；

b） 进行距离保护检验时只需投入“距离保护投入”压板；

c） 模拟正方向故障，距离保护应正确动作；模拟反方向故障，距离保护不应动作；

d） 检查在 0.95 倍定值时，距离（阻抗）保护应可靠动作；在 1.05 倍定值时，距离保护应可靠不动作。

6.3.3 零序保护定值检验要求

a） 零序保护的动作行为符合设计动作逻辑；

b） 零序保护检验时只需投入“零序保护投入”压板；

c） 模拟正方向故障，零序保护应正确动作；模拟反方向故障，零序保护（带方向）不应动作；

d） 检查在 0.95 倍定值时，零序保护应可靠不动作；在 1.05 倍定值时，零序保护应可靠动作。

6.3.4 过电压及远方跳闸装置检验要求

a） 按照定值单整定的控制字，模拟 A、B、C 相过电压和开关跳闸位置，检查动作行为符合设计动作逻辑；

b） 按照定值单整定的就地判据和控制字，通入满足判据的电流、电压量，模拟收远跳命令，检查动作行为符合设计动作逻辑；

c） 模拟通道异常，装置反应正确；

d） 检查电压在 0.95 倍定值时，过电压保护应可靠不动作；在 1.05 倍定值时，过电压保护应可靠动作。返回系数不小于 0.98。

6.3.5 失步解列装置定值检验要求

a） 失步解列的动作行为符合设计动作逻辑；

b） 根据装置原理及定值单整定值，模拟振荡试验。在动作区内时，装置可靠动作；在动作区外时，装置可靠不动作。

6.4 整组试验

6.4.1 通用要求

a） 在额定直流电压下带断路器传动，从端子排上通入交流电流、电压进行检验；

b） 整组试验应包括继电保护的全部保护功能，对于共用同一套出口的各种保护可选择一种主保护进行传动；

c） 检验继电保护逻辑回路的正确性，同时根据继电保护图纸，对包括直流控制回路、保护装置回路、出口回路、信号回路等用到的开出回路进行传动，检查各直流回路接线的正确性；

d） 对确实不具备停电传动的断路器跳闸回路，可传动至压板，用万用表直流高电压挡测量压板电压进行检验；

e） 应检查联跳回路等与其他保护装置联系的开出量。与运行设备相关的联跳压板、失灵启动压板严禁投入，只传动至压板，可用万用表直流高电压挡测量压板电压；

f） 线路纵联保护传动时对侧主保护功能压板应投入；

g） 检查继电保护整组动作时间符合要求；

h） 新安装保护装置验收及回路经更改后的检验，在做完每一套单独的整定检验后，需要将同一被保护设备的所有保护装置电流回路串联电压回路并联在一起进行整组的检查试验。

6.4.2 线路保护整组试验方法

a） 投入线路保护、重合闸出口压板，并将断路器合闸；

b） 模拟单相瞬时、单相永久、相间、三相正方向故障及反方向故障；

c） 检查线路保护、重合闸正确动作；

d） 相应相别启动失灵压板两端电位正确；

e） 检查保护装置、断路器、故录及监控系统信息指示正确；

f） 线路两侧配合进行远跳回路传动；

g） 继电保护联跳三相功能检验。模拟线路故障，保护装置动作且断路器跳三相或一相跳闸但有两相或两相以上跳位时，应向对侧发联跳三相信号；对侧收到联跳三相信号，且保护装置动作后应强制性三跳，同时中止发送联跳三相信号。

6.4.3 过电压及远方跳闸装置整组试验方法

a） 投入过电压保护、远方跳闸保护出口压板；

b） 模拟 A、B、C 相过电压，保护出口传动开关正确，检查过电压向对侧发远跳，启动相关断路器失灵压板两端电位正确，闭锁相关断路器重合闸；

c） 在对侧检查收到远跳命令，模拟满足就地判别条件，保护出口传动开关正确，启动相关断路器失灵压板两端电位正确，闭锁相关断路器重合闸；

d） 检查保护装置、断路器、故录及监控系统信息指示正确；

e） 线路两侧协调配合，做好安全措施，轮流进行远跳回路传动。

6.4.4 母线保护整组试验方法

a） 模拟母线区内故障，母线保护正确动作；

b） 模拟母线区外故障，任选母线上的两条支路，加入大小相等、方向相反的一相电流，电流幅值大于差动门槛，差动保护不动作；

c） 检查断路器动作正确，母线保护、断路器、故录及监控系统信息指示正确；

d） 边断路器失灵经母线保护出口试验。

6.4.5 变压器保护整组试验方法

a） 应分别对主体变压器、调压补偿变压器相关保护进行检验；

b） 模拟各种故障。检查保护动作正确，相应断路器跳闸；变压器保护、断路器、故录及监控系统信息指示正确；启动失灵压板、联跳回路压板两端电位正确；

c） 针对调压变压器档位调节范围较大，须根据变压器实际运行的档位来切换调压补偿变压器保护的定值区，以满足差动平衡要求的情况，应分别对调压补偿变压器保护各定值区的定值进行检验。

6.4.6 高压电抗器保护整组试验方法

a） 投入本保护所有功能压板；投入所有跳闸出口压板；将断路器合闸；

b） 模拟各种故障。检查保护动作正确，相应断路器跳闸；高压电抗器保护、断路器、故录及监控系统信息指示正确；相应启动失灵压板、远跳回路压板两端电位正确；

c） 线路两侧配合进行远跳回路传动。

6.5 线路纵联保护带光纤通道联调

6.5.1 纵联电流差动保护检验方法

a） 将保护装置与光纤通道可靠连接，无“通道异常”告警，通道告警接点未闭合；

b） 在本侧按要求加入三相电流，对侧查看本侧的三相电流及差动电流。要求纵联电流差动保护装置能正确将各相电流值传送到对侧，且对侧装置采样值与本侧通入测量值误差小于 5%；

c） 本侧模拟发远传命令，对侧装置正确接受，就地判据满足条件时，断路器应能三相跳闸；

d） 检查传输线路纵联保护信息的数字式通道传输时间满足要求；

e） 两侧轮流进行上述试验。

6.5.2 纵联距离保护检验方法

a） 纵联距离保护装置能正确将命令信号传送到对侧，检查传输线路纵联保护信息的数字式通道传输时间满足要求；

b） 将对侧保护装置至光纤接口连线临时断开，在对侧光纤接口处收发自环；本侧模拟正方向故障，本侧纵联保护应正确动作；

c） 本侧模拟发远传命令，对侧装置正确接受，就地判据满足条件时，断路器应能三相跳闸；

d） 两侧轮流进行上述试验。

6.5.3 光通道测试、检查

a） 外观清洁无尘；

b） 测试保护装置及光电转换装置的光发功率、光收功率。光功率裕度满足要求，不宜过高；

c） 同一侧保护装置及光电转换装置之间收发通道两个方向的衰耗值应接近，一般应小于 2dBm；

d） 尾纤盘绕直径不应小于规定值。

6.5.4 投运前需检查的项目

a） 清除保护装置所有记录，观察 3min，“报文异常”“通道失步”“通道误码”均显示零为正常；

b） 查看通道延时并记录。本侧保护装置所记录的通道延时应与对侧保护装置所记录的通道延时接近相等，当两侧通道延时差值较大时，应查明原因并予以解决；

c） 对于纵联电流差动保护，为防止由于收发路由不同造成保护装置误动，检查保护装置收发通道为同一通信路由，通信通道未采用主备自动切换方式；

d） 对两回及以上线路的保护装置光纤通道要进行一一对应检查，防止多回线路的保护装置通道交叉接错。

6.6 二次回路检验

6.6.1 二次回路常规检查

6.6.1.1 户外端子箱检查及清扫：

a） 检查端子箱内部清洁无积尘；清扫端子箱端子排上的灰尘，检查端子排螺丝锈蚀情况，配线连接良好，接线应无机械损伤，端子压接应紧固，端子箱接地良好。断路器本体非全相继电器外观和机械良好；检查前应做好安全措施；

b） 检查 TV 回路一点接地，TV 端子箱各回路 N 分别进入控制室满足反措要求；全部检验时可更换 TV 自动开关；

c） 对于 TV 回路，应检查其与运行设备连接的电流回路相互之间、对地未短路。

6.6.1.2 屏蔽接地检查：

a） 检查开关场至继电保护室的电流、电压、控制、信号接点引入电缆的电缆屏蔽层接地符合要求；

b） 检查保护装置外壳和抗干扰接地铜网连接符合要求；

c） 检查开关场和继电保护室已敷设满足反措要求的等电位接地网，且继电保护屏、控制屏、监控屏、断路器端子箱、本体端子箱与等电位接地网的连接符合要求；

d） 检查各屏、端子箱的门和箱体的连接符合要求；

e） 检查各接地端子的连接处连接可靠；

f） 光电接口装置外壳、电缆屏蔽层两侧接地良好。

6.6.2 二次回路绝缘检查

6.6.2.1 直流、跳合闸回路绝缘试验：

a） 应断开控制电源；

b） 用 1000V 绝缘电阻表测量控制电源、保护电源正负极回路、跳合闸回路、中央信号、远动信号、主变压器瓦斯保护二次回路电缆对地的绝缘电阻，要求其阻值应大于 1MΩ；

c） 应根据控制回路的具体情况，确保所有回路均接受测试，没有死区。

6.6.2.2 交流二次回路绝缘检查是，在交流电流、电压回路任选一点对地测试；交流电流、电压回路任选一点对直流控制回路任一点测试。用 1000V 绝缘电阻表摇测，整体回路绝缘要求大于 1MΩ；当小于 1MΩ 时须查明原因。重点要求如下：

a） 摇测时应通知有关人员暂停在回路上的一切工作，断开直流电源，拆开交流电压、电流回路接地点；摇测后应恢复接地点；

b） 3/2 断路器应断开与运行设备相连接的电流回路，采取防止短接运行设备电流回路的措施；

c） TV 端子箱内 TV 刀闸及 TV 自动开关均在合入位置，将 TV 二次的接地点及经避雷器接地点临时拆除。TV 电压回路在继电保护屏端子处断开；

d） 新投产工程需测量同一电缆不同芯线间的绝缘电阻。用 1000V 绝缘电阻表测量芯线间的绝缘电阻，其阻值应大于 1MΩ；

e） 被保护的所有设备无法同时停电时，可采用分段测试的方法进行绝缘测试；

f） 试验完成后应对被测试回路放电。

6.6.3 TA 二次回路检验程序和检验标准

6.6.3.1 记录 TA 铭牌上标明的生产厂家、出厂编号、产品型号、各绕组容量和变比范围。

6.6.3.2 记录 TA 各绕组的回路编号、用途、接线方式、级别、实际使用变比、极性、接地点位置，测量各二次绕组直流电阻，检验要求如下：

a） 二次负载测试。在断路器汇控箱或端子箱处断开电流回路，用试验仪器向装置侧电流回路通入工频额定电流，用交流电压表测量端子处电压。分别通入各相电流，求得 TA 二次各相负载阻抗。采取措施防止将电流通入母线保护、故障录波器等运行设备；

b） 根据伏安特性等资料，校核 10%误差曲线；

c） 测试各绕组极性满足要求。

6.6.3.3 电流回路直阻测量：使用电桥由继电保护屏端子排分别测试各相电流回路屏上及屏下直阻。三相直阻不平衡度［（最大值–最小值）/最大值×100%］应小于 10%。如不满足要求，应认真查找原因，必要时可采用通流的方法进行验证。

6.6.3.4 重点要求：

a） 检查 TA 绕组变比、级别、容量符合其用途的要求；

b） 检查 TA 一次侧的极性端位置。

6.6.4 TV 二次回路检验程序和检验标准

6.6.4.1 记录 TV 铭牌上标明的生产厂家、出厂编号、产品型号、各绕组容量、准确级和变比。

6.6.4.2 记录 TV 各绕组的回路编号、用途、接线方式、级别、变比、极性、接地点位置，测量各二次绕组直流电阻，检验要求如下：

a） TV 直阻检查。在 TV 端子箱处断开 TV 刀闸及 TV 自动开关，在 TV 端子箱测量每一路 TV 回路对中性线 N 的直阻，若同一电压回路三相直阻不平衡，需分析确认其正确性；

b） 对于新投设备可以采用 TV 回路加压试验（含 TV 三次绕组 L、N）核对 TV 二次相别。在 TV 端子箱向继电保护室侧 TV 回路加工频电压，在各装置端子排测量相应回路电压，并核对各相相别。可采用 A、B、C 相 TV 回路同时加入不同数值电压的方法进行；

c） 检查各绕组极性满足要求；

d） TV 端子箱自动开关试验。可将 TV 自动开关从 TV 端子箱拆下，进行测量动作电流及动作时间的工作。TV 自动开关的额定电流应根据 TV 二次侧容量及 TV 二次负载进行选择；

e） 新安装保护装置验收及回路经更改后的检验，应测量电压回路自互感器引出端子到保护屏电压母线的每相直流电阻，并计算电压互感器在额定容量下的压降，其值不应超过额定电压的 3%。

6.6.4.3 重点要求：

a） 确认 TV 端子箱内 TV 刀闸和 TV 自动开关断开，避免造成二次反充电；

b） 完成 TV 直阻测量后，方可进行 TV 回路加压试验，确保 TV 回路不短路；

c） 对照图纸检查确认 TV 回路没有误接其他回路的情况，在给一路电压回路加压时，应同时测量其他电压回路无电压。

6.6.5 配合进行断路器相关回路的检查

6.6.5.1 结合断路器压力闭锁检查进行跳合闸试验：

a） 在传动断路器前，应征得工作负责人同意，确认安全后方可传动断路器，应尽量减少传动断路器的次数；

b） 可在断路器本体处用短接压力接点的方法进行压力闭锁逻辑的检查；

c） 检查断路器动作情况正确，反映断路器位置的继电器状态和信号正确。

6.6.5.2 断路器跳合闸回路直阻检查：

a） 分别测量跳、合闸回路直阻，检查跳、合闸回路完整性；

b） 检查前先断开控制电源并确保接入跳、合闸回路的继电器和跳、合闸电流相匹配。

6.6.5.3 断路器防跳功能检查：

a） 试验时退出断路器非全相保护，断开断路器启动失灵保护回路；

b） 分别对断路器按相进行防跳功能检查；

c） 用手合方式合上断路器，并保持操作手柄在“合闸”位置，直至传动结束。用导线两端分别短接控制正电源和分相跳闸回路，使断路器分相跳闸。检查每相断路器只跳闸一次，不再合闸。

6.6.5.4 断路器本体非全相保护传动：

a） 试验时投入断路器非全相保护；

b） 分别对分相操作断路器进行非全相功能检查；

c） 合上断路器，分别模拟断路器 A、B、C 单相跳闸，经非全相延时后跳开其他两相。

6.7　行波测距装置检验

6.7.1　检查装置时间与时钟同步，如有异常需要检查卫星接收天线的位置以及导线的连接是否良好。

6.7.2　检查装置电源工作正常。

6.7.3　检查装置前置机与后台管理机的通信正常。

6.7.4　检查线路两侧测距装置间通信及数据传送正常。

6.7.5　应定期对不间断运行的站端系统进行硬盘数据备份处理。

6.8　故障录波器检验

6.8.1　故障录波装置检验项目：

a） 清扫装置内部端子排上的灰尘，检查端子排螺丝锈蚀情况，配线连接良好，接线应无机械损伤，端子压接应紧固无锈蚀，装置柜体接地良好；
b） 在端子排处分别通入电流和电压，检查各路模拟量精度、相位、角度满足要求；检查模拟量变化、开入量动作时，录波装置启动、记录正确；
c） 检查故障录波装置与故障信息远传子站（录波网主站）的通信情况正常；
d） 打印装置定值并与定值单进行核对；
e） 检查装置时间与 GPS 时钟同步；
f） 检验工作结束后应及时清除录波报告。

6.8.2　结合继电保护整组传动，应进行以下检查：

a） 检查每一次整组传动时，故障录波装置应能够正确启动；
b） 检查每一次录波记录中开关量和模拟量信号能够正确记录，记录位置和动作时序正确。

6.9　故障信息管理系统检验

6.9.1　变电站内的故障信息管理系统子站调用站内各种保护装置的定值信息、保护装置状态等信息应正确、无误。

6.9.2　配合保护装置检验，检查报文自动上传至故障信息管理系统子站情况，要求上传的动作信息、告警信息、录波信息正确。

6.9.3　故障信息管理系统调度端主站，可调用变电站内子站信息；子站应能及时把站内保护装置动作信息上传至调度端主站。

6.9.4　定期检查变电站内的故障信息管理系统子站运行情况，确保处于良好工作状态。

7　检验验收及投运

7.1　检验验收

7.1.1　现场工作终结前，工作负责人应会同工作人员检查试验项目无缺项、漏项，整定值与定值单一致，试验数据完整正确，试验接线已拆除，按照安全措施票恢复正常接线；并检查装置的各种把手、拨轮、压板的位置在正确状态，全部设备及回路已恢复到工作开始前状态，全体工作班人员清扫、整理现场，清点工具及回收材料。验收项目应包括以下内容：

a） 检验中的试验数据符合相关要求；
b） 整组试验及传动断路器试验正确；

c）继电保护安全措施已恢复到试验前状态；
d）保护装置运行定值与定值单一致；
e）继电保护反事故措施已经执行；
f）检查保护装置及所属二次回路端子排上接线的紧固情况，备用芯线包扎固定良好；
g）保护装置及监控系统无异常信号出现；
h）检查户外端子箱、气体继电器的防雨措施。

7.1.2 工作结束后，工作负责人应向运行人员详细进行现场交代，并将其记入继电保护记录簿，主要内容包括传动断路器试验项目及结果，整定值的变更情况，二次接线更改情况，已经解决及未解决的问题及缺陷，运行注意事项和设备能否投入运行等。打印定值并核对，经运行人员检查无误后，双方应在二次回路记录簿上签字，办理工作票终结手续。

7.2 投运中用负荷电流与工作电压的检验

7.2.1 用工作电压、负荷电流验证各保护装置电流、电压回路接线正确性，方法可参考附录 B。

7.2.2 应检查 TA 二次中性线 N 回路上的不平衡电流。必要时，在可靠退出相关装置的前提下，可在端子箱人工短封一相电流检查 N 回路的完整性。

8 检验报告整理及存档

继电保护投运后一周内，应整理好检验报告，检验报告的内容应包括：检验设备的名称、型号、运行编号，检验类型，检验日期，检验项目及结果，存在的遗留问题，检验人员，使用的仪器仪表、检验记录应包含安全措施、检验试验方法、检验项目等内容，检验结论应明确。书面报告应履行单位负责人签字流程后存档，并保存电子版。应保存继电保护设备从基建投产到退役期间的所有检验报告。对于纸质检验报告，至少应保留基建投产和最近一次的检验报告。

附 录 A
（资料性附录）
继电保护检验所需仪器仪表及工器具

A.1 仪器仪表

仪器仪表见表 A.1。

表 A.1 仪 器 仪 表

序号	名 称	规格/编号	单位	数量	备注
1	绝缘电阻表	2500V、1000V、500V	只	各 1	
2	微机型继电保护测试装置	微机型	套	2	
3	数字式毫秒计		台	1	
4	钳形相位表	100V/400V	只	1	
5	电桥		只	1	
6	光源		只	1	
7	光功率计		只	1	
8	误码仪		只	1	
9	可变光衰耗器		只	1	
10	数字万用表	四位半	只	1	
11	模拟断路器操作箱		只	2	
12	TA 综合试验仪		台	1	
13	调压器	2kVA，220V	台		
14	交流电压表	5V～500V	块	1	
15	交流电流表	0.5A～20A	块	1	
16	可记忆示波器		台	1	
注：所有试验仪器、仪表均要求在使用有效期内。					

A.2 工器具

工器具见表 A.2。

表 A.2 工 器 具

序号	名 称	规格/编号	单位	数量	备注
1	专用转接插板		块	2	
2	组合工具		套	1	
3	电缆盘（带漏电保安器）	220V/380V/10A	只	1	

表 A.2（续）

序号	名　　称	规格/编号	单位	数量	备注
4	三相刀闸	380V/15A	把	1	
5	计算器	函数型	只	1	
6	电烙铁	25W	支	1	带接地线
7	试验接线		套	1	

A.3 材料

材料见表 A.3。

表 A.3 材　　料

序号	名称	规格/编号	单位	数量	备注
1	绝缘胶布		卷	1	
2	自粘胶带	—	卷	1	
3	小毛巾	—	条	1	
4	焊锡丝	2 号松香芯	m	＞0.2	
5	松香	—	克	10	
6	中性笔	—	支	1	
7	口罩	—	只	3	
8	手套	—	副	3	
9	毛刷	1.5″	把	2	
10	防静电环		只	1	
11	砂条		条	1	
12	酒精		瓶	1	
13	电子仪器清洁剂		罐	1	
14	独股塑铜线	$1.5mm^2$、$2.5mm^2$	盘	各 1	
15	微型吸尘器		台	1	

附　录　B
（资料性附录）
继电保护检验流程

B.1　装置检验流程

装置检验流程如图 B.1 所示。

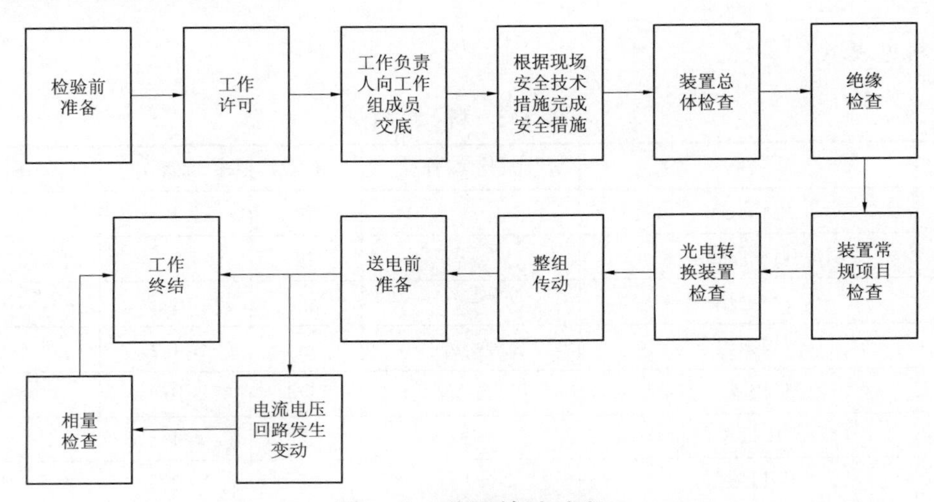

图 B.1　装置检验流程

B.2　二次回路检验流程

二次回路检验流程如图 B.2 所示。

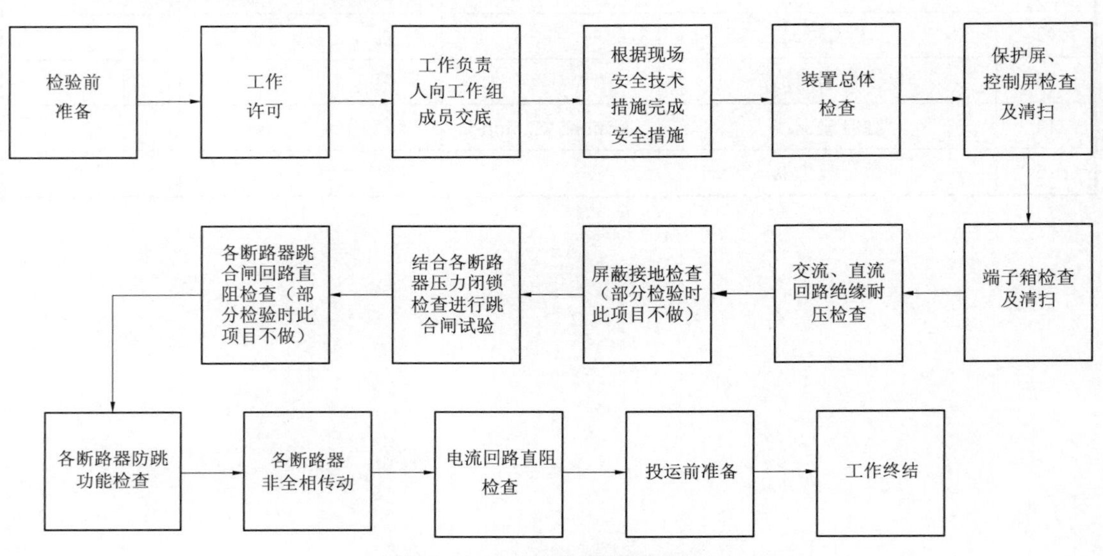

图 B.2　二次回路检验流程

B.3 TA 二次回路检验流程（TV 二次回路检验可参照）

TA 二次回路检验流程如图 B.3 所示。

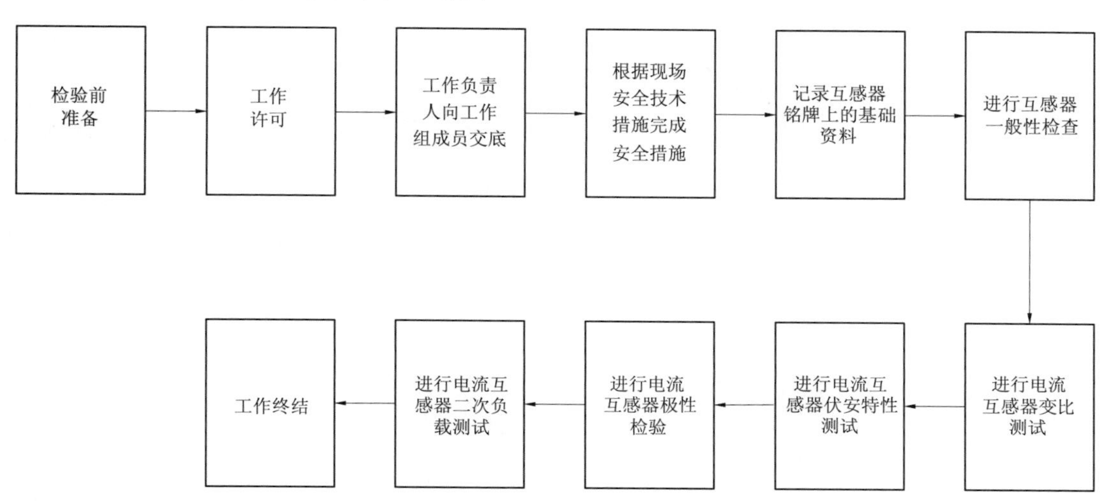

图 B.3 TA 二次回路检验流程

B.4 投运时带负荷做继电保护相量检查流程

投运时带负荷做继电保护相量检查流程如图 B.4 所示。

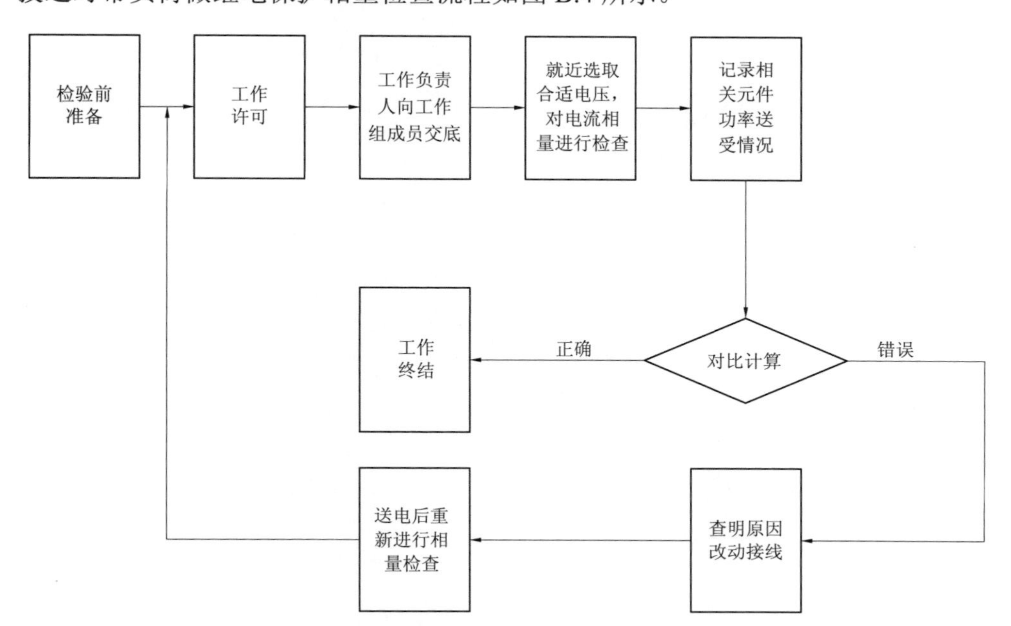

图 B.4 投运时带负荷做继电保护相量检查流程

第5篇

试验与检测

国家电网公司企业标准

1000kV 系统继电保护装置及安全自动装置检测技术规范

Inspection specification for 1000kV power system protection relay and automation device

Q/GDW 330—2009

目　次

前言 ……………………………………………………………………………… 187
1 范围 …………………………………………………………………………… 188
2 规范性引用文件 ……………………………………………………………… 188
3 术语和定义 …………………………………………………………………… 189
4 检测条件 ……………………………………………………………………… 189
5 结构及外观检查 ……………………………………………………………… 190
6 功率消耗测试 ………………………………………………………………… 190
7 环境试验 ……………………………………………………………………… 190
8 电源影响试验 ………………………………………………………………… 191
9 机械性能试验 ………………………………………………………………… 192
10 绝缘试验 …………………………………………………………………… 193
11 电磁兼容 …………………………………………………………………… 194
12 过载试验 …………………………………………………………………… 195
13 测量元件准确度及装置功能 ……………………………………………… 196
14 动态模拟试验测试项目 …………………………………………………… 196
编制说明 ………………………………………………………………………… 205

前　言

随着我国电力系统电压等级的不断提高，1000kV 特高压交流电网工程已由研究阶段进入到具体实施阶段，1000kV 特高压交流系统也将逐步建立起来。为了保证在 1000kV 特高压交流系统中使用的继电保护和安全自动装置的各项功能指标满足系统要求，特制定本标准。

本标准由国家电力调度通信中心提出并负责解释。

本标准由国家电网公司科技部归口。

本标准主要起草单位：国家电力调度通信中心、中国电力科学研究院、南京南瑞继保电气有限公司/国网南京自动化研究院、许继电器股份有限公司、北京四方继保自动化股份有限公司、国电南京自动化股份有限公司、国家电网公司特高压建设部。

本标准主要起草人：王德林、周春霞、艾淑云、周泽昕、赵希才、胥岱遐、李瑞生、黄少峰、王峰、李斌。

1000kV 系统继电保护装置及安全自动装置检测技术规范

1 范围

本标准规定了 1000kV 电力系统继电保护装置及安全自动装置的检测项目、检测方法及检测结果的判定方法。

本标准适用于电力系统继电保护装置及安全自动装置型式试验。

2 规范性引用文件

下列文件中的条款通过本标准的引用而成为本标准的条款。凡是注日期的引用文件，其随后所有的修改单（不包括勘误的内容）或修订版均不适用于本标准，然而，鼓励根据本标准达成协议的各方研究是否可使用这些文件的最新版本。凡是不注日期的引用文件，其最新版本适用于本标准。

GB/T 191—2008 包装储运图示标志

GB/T 2900.1 电工术语 基本术语

GB/T 2900.17 电工术语 电气继电器

GB/T 2422 电工电子产品环境试验术语

GB/T 2423.1—2008 电工电子产品环境试验 第 2 部分：试验方法 试验 A：低温

GB/T 2423.2—2008 电工电子产品环境试验 第 2 部分：试验方法 试验 B：高温

GB/T 2423.4—2008 电工电子产品环境试验 第 2 部分：试验方法 试验 Db：交变湿热（12h+12h 循环）

GB/T 2423.9—2001 电工电子产品环境试验 第 2 部分：试验方法 试验 Cb：设备用恒定湿热

GB/T 2423.22—2002 电工电子产品环境试验 第 2 部分：试验方法 试验 N：温度变化

GB/T 3047.4—1986 高度进制为 44.45mm 的插箱、插件的基本尺寸系列

GB/T 4365—2003 电工术语 电磁兼容

GB/T 11287—2000 电气继电器 第 21 部分 量度继电器和保护装置的振动、冲击、碰撞和地震试验 第 1 篇：振动试验（正弦）

GB/T 14537—1993 量度继电器和保护装置的冲击与碰撞试验

GB/T 14285—2006 继电保护及安全自动装置技术规程

GB/T 15145—2001 微机线路保护装置通用技术条件

GB 14598.27—2008 量度继电器和保护装置 第 27 部分：产品安全要求

GB/T 15147—2001 电力系统安全自动装置设计技术规定

GB/T 14598—1998　电气继电器
GB/T 7261—2008　继电保护和安全自动装置基本试验方法
GB 50150—1991　电气装置安装工程电气设备交接试验标准
DL/T 5147—2001　电力系统安全自动装置设计技术规定
DL 408—1991　电业安全工作规程（发电厂和变电所电气部分）
DL/T 748—2001　静态继电保护及安全自动装置通用技术准则
DL/T 587—1996　微机继电保护装置运行管理规程
DL/T 624—1997　继电保护微机型试验装置技术条件
DL/T 769—2001　电力系统微机继电保护技术导则
DL/T 671—1999　微机发电机变压器组保护装置通用技术条件
DL/T 670—1999　微机母线保护装置通用技术条件
DL/T 770—2001　微机变压器保护装置通用技术条件
DL/T 5136—2001　火力发电厂、变电所二次接线设计技术规程
DL/T 527—2002　静态继电保护逆变电源技术条件
Q/GDW 325—2009　1000kV 变压器保护装置技术要求
Q/GDW 326—2009　1000kV 电抗器保护装置技术要求
Q/GDW 327—2009　1000kV 线路保护装置技术要求
Q/GDW 328—2009　1000kV 母线保护装置技术要求
Q/GDW 329—2009　1000kV 断路器保护装置技术要求

3　术语和定义

GB/T 2900.1、GB/T 2900.17、GB/T 2422 和 GB/T 4365 确立的术语和定义适用于本标准。

4　检测条件

4.1　检测的环境条件

检测的正常试验环境条件如下：
——环境温度 15℃～35℃；
——相对湿度 45%～75%；
——大气压力 86kPa～106kPa。

4.2　基准条件

有准确度要求的，试验应在基准条件下进行。
基准条件为：
——环境温度 20℃±2℃；
——相对湿度 5%～75%；
——大气压力 86kPa～106kPa。

4.3　检测用设备

装置检验所使用的仪器、仪表必须经过检验合格，并应满足 GB/T 7261—2000《继电器及继电保护装置基本试验方法》中的规定，定值检验所使用的仪器、仪表的准确级应不

低于 0.5 级。

5 结构及外观检查

5.1 试验方法

按 GB/T 7261—2000 中第 5 章的规定和方法进行。

5.2 技术要求

a） 产品所有零件锡焊处的质量，应不存在虚焊假焊现象。

b） 产品表面的涂覆层的颜色应均匀一致，无明显的色差和眩光，涂覆层表面应无砂粒、趋皱、流痕等缺陷。

c） 产品铭牌标志和端子号应正确、清晰、齐全。

d） 装置应采取必要的抗电气干扰措施，装置的不带电金属部分应在电气上连成一体，并具备可靠接地点。

e） 装置应有安全标志，安全标志应符合 GB 16836—2003 中 5.7.5、5.7.6 条的规定。

f） 机箱尺寸应符合 GB/T 3047.4 的规定。

g） 金属结构件应有防锈蚀措施。

6 功率消耗测试

6.1 试验方法

按 GB/T 7261—2000 中第 9 章的规定和方法进行。

6.2 技术要求

功率消耗试验技术要求如下：

——交流电流回路，每相不大于 0.5VA；

——交流电压回路，每相不大于 0.5VA；

——直流电源回路，装置动作前不大于 45W，装置动作后不大于 80W。

7 环境试验

7.1 试验方法

7.1.1 高低温试验

试验条件和方法须符合 GB/T 2423.2 和 GB/T 2423.1 的规定。

7.1.2 温度储存试验

试验条件和方法须符合 GB/T 2423.22 的规定。

7.1.3 耐湿热性能试验

装置应满足下列规定之一的耐湿热要求：

——试验条件和方法须符合 GB/T 2423.4 的规定；

——试验条件和方法须符合 GB/T 2423.9 的规定。

7.2 严酷等级

7.2.1 高低温试验

a） 低温试验：–10℃，持续 2h。

b） 高温试验：55℃，持续 2h。

7.2.2 温度储存试验

a） 方法 1

试验条件及方法如下：

——低温温度：–25℃；

——高温温度：70℃；

——循环次数：1 次；

——每一温度下试验持续时间：24h；

——从低温转换到高温时间：2h～3h。

b） 方法 2

试验条件及方法如下：

——低温温度：–25℃；

——高温温度：70℃；

——循环次数：1 次；

——每一温度下试验持续时间：3h；

——从低温转换到高温时间：2min～3min。

7.2.3 耐湿热性能试验

a） 方法 1

交变湿热试验：试验温度为+40℃±2℃、相对湿度为 93%±3%，与试验温度为+25℃±2℃、相对湿度为 95%±3%；试验周期为 2 天。

b） 方法 2

恒定湿热试验：试验温度为+40℃±2℃，相对湿度为 93%±3%；试验周期为 2 天。

7.3 技术要求

7.3.1 高低温试验

在试验过程中施加规定的激励量，温度的变差相对于+20℃±2℃时，不超过±2.5%。

7.3.2 温度储存试验

试验结束后，放在室温下恢复 2h，装置电气性能应满足产品标准要求，外观检查零部件的材料不应出现不可恢复的损伤。

7.3.3 耐湿热性能试验

在试验结束前 2h 内，测量绝缘电阻值应不小于 1.5MΩ；介质强度应不低于 10.1.2 规定的介质强度试验电压值的 75%。

8 电源影响试验

8.1 试验条件

符合 GB/T 7261—2000 中 4.2 的规定。

8.2 试验方法

按 GB/T 7261—2000 中第 14、15 章的规定和方法进行。

8.3 辅助激励量电压波动影响试验

按产品标准规定，分别将交流或直流辅助激励量电压调整至其标称范围的极限值，施加于产品进行试验，其他影响量或影响因素为基准值。按产品标准规定的试验项目进行试验，确定准确度等性能指标，并与基准条件下的测试结果进行比较，按 GB/T 7261—2000 中 14.2.2 规定的方法计算变差。

8.3.1　直流电源中断试验

a）中断时间为 2ms、5ms、10ms、20ms、50ms、100ms、200ms 中任一值，应在产品标准或技术条件中规定。

b）辅助激励量中断方式，采用突然发生的方式。即辅助激励量突然从额定值变化到零或者从零变化到额定值。

c）重复试验 5 次，每两次之间的间隔时间至少应为试验持续时间的 10 倍。

8.3.2　交流电源频率影响试验

按产品标准规定，分别将电源频率调整至其标称范围的极限值，施加于产品进行试验，其他影响量或影响因素为基准值。按产品标准规定的试验项目进行试验，确定准确度等性能指标，并与基准条件下的测试结果进行比较，按 GB/T 7261—2000 中 14.2.2 规定的方法计算变差。

8.3.3　直流电源波纹系数（失真度）影响试验

直流辅助激励量纹波系数影响试验的设备应满足 GB/T 17626.17 的要求。

8.4　技术要求

8.4.1　辅助激励量电压波动影响试验

将直流电源电压调整至标称的极限值 80%U_N 和 115%U_N 时，装置应正确动作。

8.4.2　直流电源中断

直流电源中断时间按企业标准规定，确定对特性量准确度的影响，确定对动作时间的影响。

8.4.3　交流电源频率影响试验

频率偏差不大于 2Hz 时，装置应正常工作。

8.4.4　直流电源纹波系数（失真度）影响试验

将直流电源的纹波系数调整至标称的极限值 5%时，装置应正确工作。

9　机械性能试验

9.1　试验方法

9.1.1　振动

a）振动响应：产品应具有承受 GB/T 11287—2000 中 3.2.1 规定的严酷等级为Ⅰ级的振动响应能力。

b）振动耐久：产品应具有承受 GB/T 11287—2000 中 3.2.2 规定的严酷等级为Ⅰ级的振动耐久能力。

9.1.2　冲击

a）冲击响应：产品应具有承受 GB/T 14537—1993 中 4.2.1 规定的严酷等级为Ⅰ级的冲击响应能力。

b）冲击耐久：产品应具有承受 GB/T 14537—1993 中 4.2.2 规定的严酷等级为Ⅰ级的

冲击耐久能力。

9.1.3　碰撞

产品应具有承受 GB/T 14537—1993 中 4.3 规定的严酷等级为 I 级的碰撞能力。

9.2　技术要求

9.2.1　振动

a）振动响应：振动响应试验产生的变差应满足产品标准的要求。试验结束后，产品应无紧固零件松动、机械损坏现象；有关性能应满足产品标准的要求。

b）振动耐久：产品无紧固零件松动、机械损坏现象；振动后通电测试，性能应正常。

9.2.2　冲击

a）冲击响应：冲击响应试验产生的变差应满足产品标准的要求。试验结束后，产品应无紧固零件松动、机械损坏现象；有关性能应满足产品标准的要求。

b）冲击耐久：产品无紧固零件松动、机械损坏现象；冲击后通电测试，性能应正常。

c）碰撞：产品无紧固零件松动、机械损坏现象；碰撞后通电测试，性能应正常。

10　绝缘试验

10.1　试验方法

10.1.1　绝缘电阻

试验在如下部位进行：

a）各电路对外露的导电件（相同电压等级的电路互联）；

b）各独立电路之间（每一独立电路的端子互联）。

额定绝缘电压高于 63V 时，用开路电压为 500V（额定绝缘电压小于或等于 63V 时，用开路电压为 250V）的测试仪器测定其绝缘电阻值。

10.1.2　介质强度

具体的被试电路及介质强度试验值见表 1，也可采用直流试验电压，其值应为规定的工频试验电压值的 1.4 倍。

表 1　介质强度试验电压值　　V

被　试　电　路	额定绝缘电压	试验电压
整机输出端子—地	63～250	2000
直流输入回路—地	63～250	2000
交流输入回路—地	63～250	2000
信号和报警输出触点—地	63～250	2000
无电气联系的各回路之间	63～250	2000
无电气联系的各回路之间	≤63	500
出口继电器的动合触点之间	—	1000
各带电部分分别—地	≤63	500

10.1.3　冲击电压

10.1.3.1　冲击电压试验部位

a）同 10.1.1a）；

b）同 10.1.1b）。

10.1.3.2　冲击电压试验值

10.1.3.1 规定的试验部位应能承受标准雷电波 1.2/50μs（见 IEC 60255-5：2000 中 6.1.3 条）的短时冲击电压试验，试验电压的峰值为 1kV（额定绝缘电压≤63V）或 5kV（额定绝缘电压＞63V）。

10.2　技术要求

10.2.1　绝缘电阻

测定 10.1.1 规定的试验部位绝缘电阻值，应不小于 100MΩ。

10.2.2　介质强度

10.1.1 规定的试验部位应能承受频率为 50Hz 的工频耐压试验，历时 1min，产品各部位不应出现绝缘击穿或闪络现象。

10.2.3　冲击电压

产品承受冲击电压试验后，其主要性能指标应符合产品企业标准规定的出厂试验项目要求。试验过程中，允许出现不导致绝缘损坏的闪络。如果出现闪络，应复查绝缘电阻及介质强度，此时介质强度试验电压值为规定值的 75%。

11　电磁兼容

11.1　试验方法及严酷等级

11.1.1　**1MHz** 脉冲群抗扰度试验

1MHz 和 100kHz 脉冲群抗扰度试验按 GB/T 14598.13—1998 规定的方法进行。试验部位及试验规格按 GB/T 14598.20—2007 中 4.2 的要求进行，通过Ⅲ级。

11.1.2　静电放电抗扰度试验

静电放电抗扰度试验按 GB/T 14598.14—1998 规定的方法进行。试验部位及试验规格按 GB/T 14598.20—2007 中 4.2 的要求进行，通过Ⅳ级。

11.1.3　辐射电磁场抗扰度试验

辐射电磁场抗扰度试验按 GB/T 14598.9—2002 规定的方法进行。试验部位及试验规格按 GB/T 14598.20—2007 中 4.2 的要求进行，通过Ⅲ级。

11.1.4　电快速瞬变/脉冲群抗扰度试验

电快速瞬变/脉冲群抗扰度试验按 GB/T 14598.10—2007 规定的方法进行。试验部位及试验规格按 GB/T 14598.20—2007 中 4.2 的 A 级要求进行，通过Ⅳ级。

11.1.5　浪涌（冲击）抗扰度试验

浪涌（冲击）抗扰度试验按 GB/T 14598.18—2007 规定的方法进行。试验部位及试验规格按 GB/T 14598.20—2007 中 4.2 的要求进行。严酷等级为：线对地±4kV；线对线±2kV，通过Ⅲ级。

11.1.6　射频场感应的传导骚扰抗扰度试验

射频场感应的传导骚扰抗扰度试验按 GB/T 14598.17—2005 规定的方法进行。试验部位及试验规格按 GB/T 14598.20—2007 中 4.2 的要求进行，通过Ⅲ级。

11.1.7 工频磁场抗扰度试验

工频磁场抗扰度试验按 GB/T 17626.8—2006 规定的试验方法进行。外壳端口：通过Ⅴ级。

11.1.8 脉冲磁场抗扰度试验

脉冲磁场抗扰度试验按 GB/T 17626.9—1998 规定的试验方法进行。外壳端口：通过Ⅴ级。

11.2 技术要求

11.2.1 1MHz 脉冲群抗扰度试验

技术要求见 GB/T 14598.13—1998 中 3.4 合格判据。

11.2.2 静电放电抗扰度试验

技术要求见 GB/T 14598.14—1998 中 4.6 合格判据。

11.2.3 辐射电磁场抗扰度试验

技术要求见 GB/T 14598.9—2002 中 8 验收准则。

11.2.4 电快速瞬变/脉冲群抗扰度试验

技术要求见 GB/T 14598.10—2007 中 8 验收准则。

11.2.5 浪涌（冲击）抗扰度试验

技术要求见 GB/T 14598.18—2007 中 8 验收准则。

11.2.6 射频场感应的传导骚扰抗扰度试验

技术要求见 GB/T 14598.17—2005 中 8 验收准则。

11.2.7 工频磁场抗扰度试验

技术要求如下：

a） 装置的保护和命令与控制功能在规定的限值内性能正常；
b） 人机接口和可视报警功能在试验期间性能暂时下降或功能丧失，试验后应自行恢复，存储数据不丢失；
c） 测量功能在试验期间性能暂时下降，试验后应自行恢复，存储数据不丢失；
d） 数据通信功能在试验期间误码率可能增加，但传输数据不丢失。

11.2.8 脉冲磁场抗扰度试验

技术要求如下：

a） 装置的保护和命令与控制功能在规定的限值内性能正常；
b） 人机接口和可视报警功能在试验期间性能暂时下降或功能丧失，试验后应自行恢复，存储数据不丢失；
c） 测量功能在试验期间性能暂时下降，试验后应自行恢复，存储数据不丢失；
d） 数据通信功能在试验期间误码率可能增加，但传输数据不丢失。

12 过载试验

12.1 试验方法

试验方法按 GB/T 7261—2000 中第 22 章的规定和方法进行。

试验条件如下：

交流电流回路：2 倍额定电流，连续工作；10 倍额定电流，允许 10s；40 倍额定电流，允许 1s。

交流电压回路：1.2 倍额定电压，连续工作；1.4 额定电压，允许 10s。

12.2　技术指标

试验过程和试验结束后应满足下列要求：

a）　绝缘无损坏，包括液化、碳化或烧焦现象；

b）　线圈及结构零件无永久性机械变形。

13　测量元件准确度及装置功能

13.1　线路保护装置

满足 Q/GDW 327—2009 要求。

13.2　变压器保护装置

满足 Q/GDW 325—2009 要求。

13.3　电抗器保护装置

满足 Q/GDW 326—2009 要求。

13.4　母线保护装置

满足 Q/GDW 328—2009 要求。

13.5　断路器保护装置

满足 Q/GDW 329—2009 要求。

14　动态模拟试验测试项目

14.1　输电线路保护装置

14.1.1　输电线路模型

对于 1000kV 长距离线路的模拟系统，推荐采用图 1 所示的典型接线方案。图中各元件所模拟的设备容量、线路参数在表 2 和表 3 中列出。

当线路长度为 200km 时，只考虑在线路一侧接入并联电抗器，其补偿度约为 65%；当线路长度为 600km 时，考虑在线路两侧和中间接入并联电抗器，其补偿度每侧约为 35%。

对于带串联补偿电容器的线路，串联补偿电容器可根据需要分别放置在线路一端或线路中点，并在串联补偿电容器两侧分别设置短路点。串联补偿电容器的补偿度可根据工程需要调整。

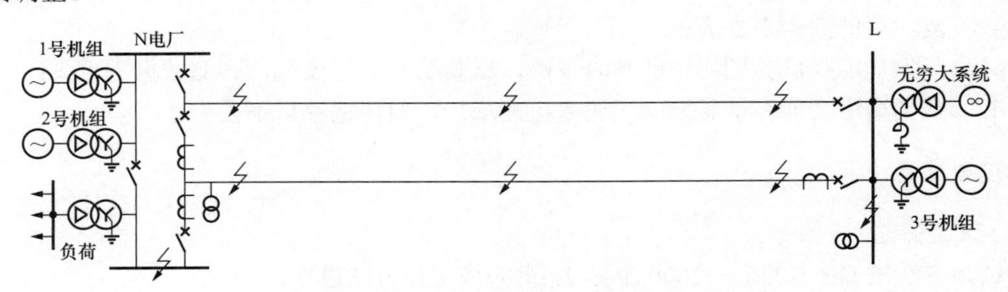

图 1　**1000kV 长距离线路模拟接线方案**

表 2　典型的 1000kV 长距离系统设备容量及线路距离

模拟设备名称		1000kV 原型的线路模拟系统设备容量及线路距离	
		长距离	短距离
N 电厂	1 号机组 2 号机组	6000MW 690MW～10 500MW	6000MW 690MW～10 500MW
N 电站变压器负荷		12 000MVA 3500MW×3	12 000MVA 3500MW×3
N-L 线路		每回 600km	每回 150km
L 侧无穷大 电源短路容量		最小 4000MVA 最大 86 000MVA	最小 4000MVA 最大 86 000MVA
L 侧 3 号机组		3500MW	3500MW

表 3　线　路　参　数

U_N	X_1	φ_1	C_1	X_0	φ_0	C_0
1000kV	26.3Ω	88.35°	1.397μF	83.06Ω	79.5°	0.93μF

14.1.2　检测项目及要求

线路模拟系统，应分别在各回线路的出口、中点及各母线设置短路点，应分别在线路轻载、中载、满载情况下进行各种短路故障试验，并能够模拟下列故障：

a）暂态超越试验及 70%处动作时间测试：装置的暂态超越应≤5%，70%处动作时间≤30ms。

b）区内外金属性故障：在双回线和母线各短路点模拟各种故障，模拟单相接地、两相短路接地、两相相间短路、三相短路以及三相短路接地故障。上述故障分为瞬时性及永久性两种情况。

装置应能有选择的正确动作，区内单相故障选相动作，区内金属性故障装置的动作时间不大于 30ms，区内单相永久性故障重合于故障后，加速动作。

c）发展性故障：在母线上发生各种接地短路、相间短路及由单相接地发展成为两相接地，再发展成为三相短路接地故障（故障发展时间在 5ms～60ms 内完成），故障持续时间在 0.1s～0.15s 之间，由模拟短路故障的断路器自动断开。在双回线各短路点发生各种发展性短路（包括被保护线路本身的发展性故障以及被保护线路和非保护线路之间的发展性故障，故障发展时间在 5ms～300ms 内完成）。上述故障为瞬时性故障。对于同杆并架双回线，除前述发展性故障外，还应包括相邻线之间的跨线故障。装置应能有选择的正确动作。

d）系统稳定破坏：对长距离线路系统进行静稳定破坏和暂态稳定破坏的模拟，以及系统振荡后的被保护线路区内外单相接地、两相短路接地、两相相间短路、三相短路及三相短路接地故障。

系统全相和非全相振荡过程中，装置不应误动，全相振荡过程中区内单相故障装置应选相动作，区内其他故障跳三相；区外非对称性故障，装置不误动，对称性故障不考核。

非全相振荡中，区内故障，装置应跳三相；区外故障不考核。

e） 相邻线发生短路，两侧断路器相继动作，使被保护线路电流出现突然倒向情况。装置不应拒动。

f） 模拟系统经过渡电阻短路，模拟区内经过渡电阻单相接地故障时，差动电流一次值大于 800A 时，差动保护应能切除故障，差动保护应能选相动作。区外经小电阻短路，距离保护不应误动。

g） 模拟系统频率偏移±2Hz，模拟区内外各种金属性短路。装置应能有选择的正确动作，区内单相故障应选相动作。

h） 系统操作：无故障分、合线路断路器、操作隔离开关时保护装置均不应误动作；操作线路断路器使线路合于故障，装置应能加速动作。

i） 弱电源方式：在系统弱电源运行方式下模拟各种区内外金属性故障，装置应能正确选相动作。

j） TA 断线：模拟 TA 断线，保护装置应能发 TA 断线告警信号，动作方式与整定设置一致。

k） TV 断线：模拟 TV 断线，保护装置应能发 TV 断线告警信号，并闭锁可能引起误动的带方向的保护，断线后模拟区外故障装置不应误动。

l） 直流断续试验：模拟直流断续和闪络，保护装置不应发生误动和丢失信息。

14.2 1000kV 变压器保护装置

14.2.1 1000kV 变压器模型

a） 变压器保护模拟系统，典型接线如图 2 所示。

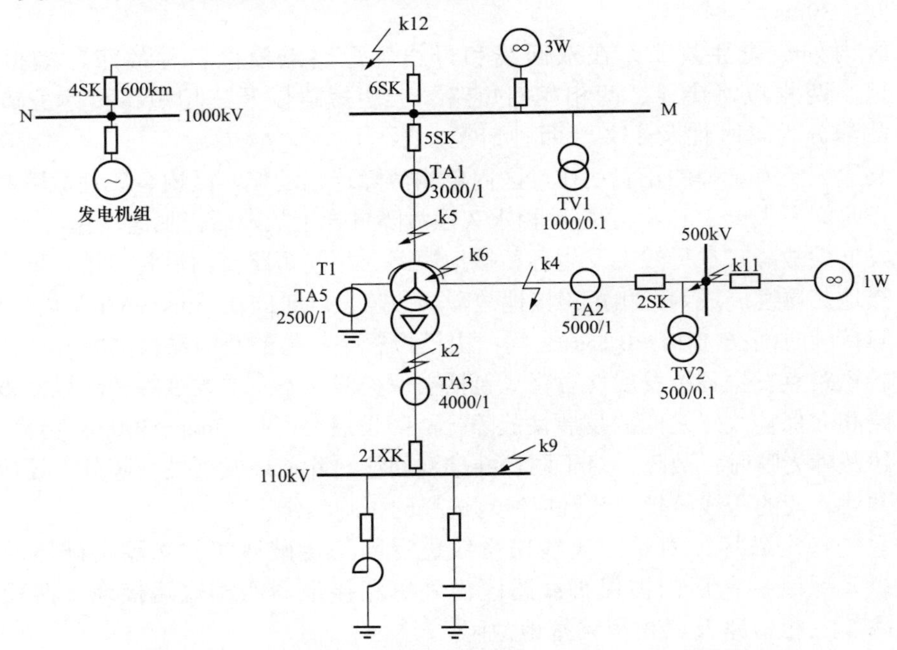

图 2 1000kV 变压器保护动模试验系统接线图

b）变压器形式：自耦变压器（系统接线图中的 T1）。

c）变压器主要参数参见表 4。

表4　变压器主要参数

容　量	3×1000MVA
容量比	1:1:1/3
电压比	$\frac{1050}{\sqrt{3}}\text{kV}/\frac{525}{\sqrt{3}}\times(1\pm5\%)\text{kV}/110\text{kV}$
短路电抗 X_k	高中（H-M）：15%；高低（H-L）：62%；中低（M-L）：46%
接线方式	YNa0d11

变压器保护动模试验系统接线如图 2 所示，模拟系统中发电机组为送电端（N 侧），通过一条总长为 600km 的 1000kV 线路送至 M 母线。M 母线接入 1000kV 等值系统 3W，其短路容量为 92 000MVA；1W 为等 500kV 等值系统，其短路容量大方式为 31 000MVA，小方式为 23 000MVA。试验中，除振荡中 1W 短路容量为小方式外，其他情况下 1W 均为大方式。110kV 母线上接有电容和电抗补偿，其中电抗补偿容量为 240MVA；电容补偿电容量为 240MVA。故障点 k5、k4、k2 分别为高、中、低压侧内部故障点；k12、k11、k9 分别为高、中、低压侧外部故障点；k6 为高压绕组匝间短路故障点。

主变压器 TA 的配置情况为：高压侧配置变比为 3000/1 的开关 TA1；中压侧配置变比为 5000/1 的开关 TA2；低压侧配置变比为 4000/1 的开关 TA3 及变比为 4000/1 的套管 TA4。公共绕组配置变比为 2500/1 的套管 TA5。补偿变压器 TA 的配置情况为：补偿变压器的励磁绕组侧（与调压变压器的调压绕组并联的绕组）配置 1000/1 的套管 TA6。调压变压器的 TA 的配置情况为：调压变压器的励磁绕组侧（与主变压器低压绕组并联的绕组）配置 1000/1 的套管 TA7。

以上 TA 配置图见图 3。

14.2.2　检测项目及要求

a）变压器额定抽头分别在重载和轻载的情况下，模拟变压器各侧区内、外金属性各类短路故障及区外断线故障。装置应能有选择的正确动作，区内故障动作时间差动保护不大于 30ms；差动速断保护不大于 15ms。调节调压变压器抽头，在重载的情况下模拟变压器各侧区内、外金属性各类短路故障及区外断线故障。装置应能有选择的正确动作，区内故障动作时间小于 30ms。

b）在大方式下模拟 1000kV 侧区内、外和 500kV 侧区外大电流短路故障。装置在区内故障时应正确动作，差流速断保护动作时间应不大于 20ms，区外故障不误动。

c）经过渡电阻故障模拟变压器 1000kV 侧和 500kV 侧经 0～25Ω 相间短路故障和经 0～100Ω单相接地故障。装置应能有选择的正确动作。

d）变压器匝间短路：在重载和轻载的情况下，模拟变压器匝间短路，匝间短路范围大于等于 3%时，装置应能正确动作。

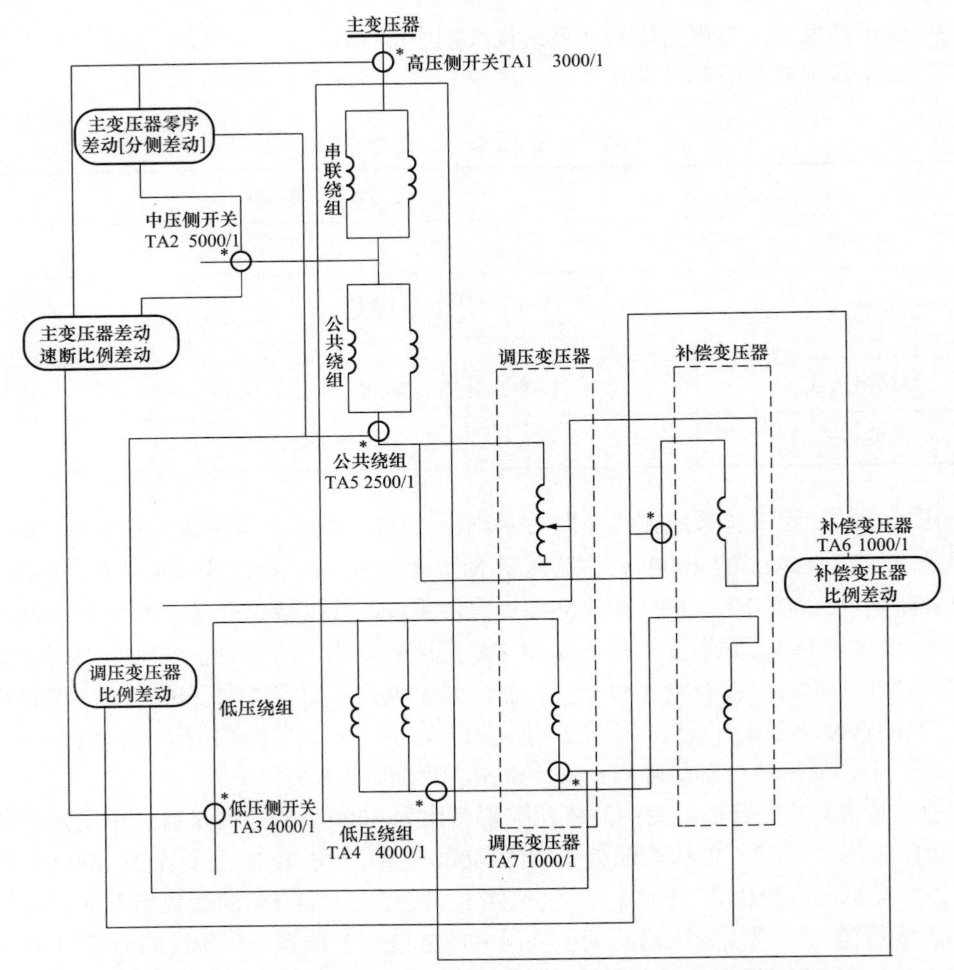

图 3　1000kV 变压器差动保护及 TA 配置图（包括主变压器、调压变压器、补偿变压器）

e）励磁涌流试验：空投变压器于 1000kV 侧和 500kV 侧，保护装置应有躲励磁涌流的能力。

f）手合断路器于故障变压器，装置应能正确动作。

g）发展性故障：在变压器重载情况下，分别模拟高压侧及中压侧区外同一点发生不同故障类型的转换，如单相接地故障转换成两相短路接地，故障转换时间为 20ms～300ms，装置不应误动；在变压器重载及空载的情况下，分别模拟高压侧及中压侧区外单相接地故障转换为区内同名相接地故障，故障转换时间为 20ms～300ms，在转为区内故障后装置应正确动作切除故障；在变压器重载及空载的情况下，模拟区外故障转换为变压器绕组内部匝间短路，故障转换时间为 20ms～300ms，在转为区内 3%以上的匝间故障后装置应正确动作切除故障；重载时变压器高压侧内部匝间短路由 1%发展成 3%，故障转换时间 20ms～300ms，要求保护装置能在 3%匝间短路时正确切除故障。

h）投切 110kV 侧电容器、电抗器：在变压器空载情况下，模拟投切低压侧母线上的电容器和电抗器，装置不应误动。

i） 系统振荡及振荡中再发生故障：模拟系统静稳破坏后出现系统振荡，在振荡过程中，保护区内、外发生单相接地、两相短路接地、两相相间短路、三相短路以及三相短路接地故障。振荡过程中要求装置不误动，振荡中区内故障正确动作切除故障，区外故障不误动。

j） 和应涌流及穿越性涌流：模拟系统及变压器在正常运行状态，被试变压器保护投入运行。空投另一台并联运行的变压器。要求另一台主变压器空投励磁涌流应不小于 2 倍额定电流，重复 5 次。

k） TA 饱和：模拟区外故障使变压器一侧 TA 出现暂态饱和的情况，装置应有一定的抗饱和能力。当正常波形大于 5ms 时，装置不应有拒动和误动现象。

l） TV 断线：分别模拟高、中、低压侧的 TV 断线。装置应有 TV 断线判别功能，与电压量相关的保护不能误动。

m） 后备距离保护功能：将系统故障时间延长到超过后备保护整定时间。在高压侧和中压侧模拟金属性单相接地，使故障点分别在带方向零序保护的正方向及反方向。在高压侧和中压侧分别模拟金属性两相接地、两相短路、三相短路、三相短路接地故障及低压侧线路上两相短路、三相短路故障。对有相间或接地阻抗保护的装置，应分别模拟测量阻抗在圆内、外的相间故障和接地故障。间歇性故障，模拟故障满足被试保护动作条件，第一次故障时间小于被试后备保护整定时间；故障间断，间断时间为 30ms～100ms，然后出现第二次故障，故障持续时间大于被试后备保护的整定时间。要求后备保护装置能按整定正确动作。

n） 调压变压器及补偿变压器匝间短路故障：模拟调压变压器、补偿变压器匝间短路，当差流大于整定值时，装置应能正确动作切除故障。

o） 直流电源断续及直流电压波动试验：模拟直流断续和闪络及直流电压波动，保护装置不应发生误动、死机和丢失信息。

14.3 1000kV 并联电抗器保护装置

14.3.1 1000kV 电抗器典型参数见表 5，模型系统见图 4，系统参数同线路部分，试验中考虑不同位置电抗器的运行情况。

表5　电抗器典型参数

参数	数值
电抗阻抗角 （°）	大于 89.30
正序电抗额定容量 Mvar	500～1000
中性点小电抗的额定电抗 Ω	280～440
TA 变比 A/A	2000/1
TV 变比 kV/kV	1000/0.1

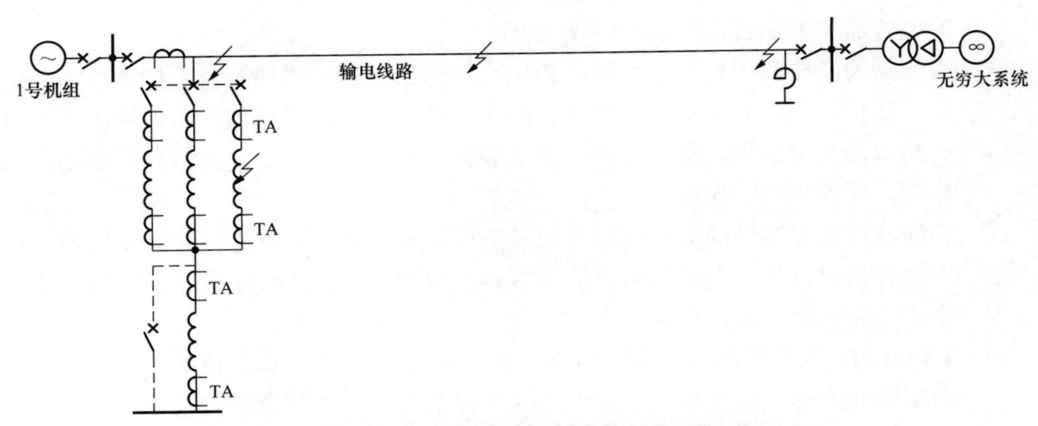

图 4　并联电抗器动模试验典型接线图

14.3.2　检测项目及要求

a）区内、外金属性故障，包括：

1）模拟区内不同位置瞬时性单相接地故障，当电抗器绕组内部距中性点侧绕组匝数大于等于 10%处发生接地故障时，保护应可靠动作装置应能正确动作，动作时间不大于 30ms；

2）模拟区外瞬时性单相接地、两相接地、两相短路、三相短路和三相短路接地故障，模拟线路上永久性单相接地及三相短路故障，区外故障装置不误动；

3）模拟线路上的单相断线、两相断线故障，装置不应误动，在非全相过程中模拟电抗器区内故障和 6%匝间短路，装置应能正确动作，模拟区外故障装置不应误动。

b）电抗器匝间短路。模拟电抗器绕组匝间短路。匝间短路范围 1.0%～10%。大于等于 3%匝间短路时，装置应能正确动作。

c）区内外经过渡电阻故障。在电抗器内不同位置经 100Ω 过渡电阻的接地故障，装置应能正确动作。

d）线路上经过渡电阻的接地短路故障，故障装置不误动。

e）改变系统运行方式的操作。模拟系统方式改变时，如空充本线路及邻近线路、分相拉合本线路、与发电机并网及空投变压器等情况，故障装置不误动。

f）手合于故障电抗器。模拟各种工况下带线路手合故障电抗器。电抗器故障形式分别为单相接地及大于 5%范围的匝间短路，装置应能正确动作。

g）转换性发展性故障，包括：

1）模拟区外同一故障点不同故障类型的转换，故障装置不误动；

2）区外故障转换为区内单相接地故障，转为区内故障后装置应能正确动作；

3）区外故障转换为电抗器内部匝间短路，当匝间范围大于 5%时，装置应能正确动作。

h）模拟线路振荡及振荡中电抗器内部故障。模拟线路振荡，要求保护不误动；振荡中模拟线路上发生单相接地、两相短路接地、两相相间短路、三相短路以及三相短路接地故障，装置应不误动；振荡中模拟电抗器内部发生单相接地、两相短路接地、两相相间短路、三相短路、三相短路接地、大于 6%匝间短路故障，装置应能正确动作。

i）TA 断线。分别模拟电抗器高端、低端 TA 二次回路单相断线，装置应具有 TA 断线判别功能，并能发告警信号。断线后发生区内故障，保护应能够动作。

j）TV 断线。模拟电抗器二次回路电压单相断线，装置应具有 TV 断线判别功能，并能闭锁可能误动的保护。

k）直流电源断续及直流电压波动试验。模拟直流断续和闪络及直流电压波动，保护装置不应发生误动、死机和丢失信息。

14.4　母线保护装置

14.4.1　母线模型系统

1000kV 母线保护产品的动模试验应考虑 TA 变比不同。试验中断路器的接线可按图 5 所示的接线进行。

当模拟区内故障线路有电流流出的情况时，可使用图 5 的接线图。试验时将全部线路断路器断开，并将电源直接接至母线上。

图 5 中的线路分支可带电抗器。

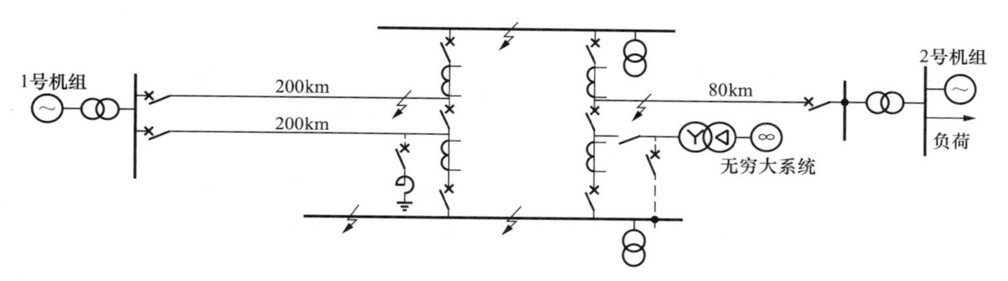

图 5　3/2 断路器接线试验系统图

14.4.2　1000kV 母线保护产品的试验项目及要求

a）保护区内外金属性故障：模拟保护区内瞬时金属性单相接地、两相短路接地、两相相间短路、三相短路以及三相短路接地故障，要求保护装置正确动作，动作时间小于 15ms；保护区外瞬时性金属性单相接地、两相短路接地、两相相间短路、三相短路以及三相短路接地故障，要求保护装置不误动。

b）发展性故障：模拟同一母线经不同时间由单相接地故障发展成为两相接地或者三相接地短路故障；模拟区外与区内同名相和异名相间经不同时间相继发生单相接地故障的发展性故障；模拟区内一段母线与另一段母线之间的发展性故障及两段母线（双母线接线）同时故障，发展性故障的两次故障间隔时间为 10ms～500ms。区外故障要求保护装置不误动；区内故障要求保护装置正确动作切除故障。

c）区内、外经过渡电阻短路：模拟保护区内外经 0～100Ω 过渡电阻发生单相接地故障；模拟带不大于 5%额定电压的过渡电阻发生两相短路接地、两相相间短路、三相短路和三相短路接地故障。区外故障要求保护装置不误动；区内故障要求保护装置正确动作切除故障。

d）断路器失灵：线路断路器在故障中失灵，断路器失灵保护应正确动作。

e）振荡中再故障：模拟由于稳定破坏引起的系统振荡中母线区内、外发生各种类别的故障（振荡中心接近母线）。振荡过程中及振荡中区外故障装置不能误动；振荡中区内故障装置应正确动作。

f）倒闸操作过程中的故障：在倒闸操作过程中（即同一出线的两隔离开关同时接通两段母线时）模拟各种区内、外故障。在隔离开关位置触点失灵时，模拟各种区内、外故障，保护应能瞬时切除故障。

g）TA 饱和试验：模拟区内、外金属性故障和发展性故障，使单个 TA 或多个 TA 不同程度地暂态饱和；模拟区外故障使一个 TA 出现饱和后再转区内故障。模拟区内 TA 饱和保护装置应能正确动作切除故障；模拟区外故障当饱和时间大于 5ms 时，保护装置不应误动。

h）TA 回路断线：在有负荷情况下，模拟 TA 回路单相、三相断线及断线后的区内外故障。在 TA 断线后，要求保护装置能发 TA 断线报警信号并闭锁差动保护。

i）空充母线和线路：模拟由一段母线向另一段母线（或旁母）充电；由母线向空载线路充电；由母线向空载变压器充电；由一段母线向另一段（或旁母）带故障母线或线路充电。装置不应误动。

j）在解列点解列和并网：模拟系统在解列点的解列和并网。装置不应误动。

k）断路器的非全相保护：模拟断路器非全相运行。装置不应误动。

l）在母线故障时母线有流出电流的模拟：模拟区内故障有电流流出的情况，当分流小于 30%时，区内故障装置应能正确动作。

m）系统频率偏移：使模拟系统分别运行在 48Hz 和 52Hz，模拟保护区内、外金属性单相接地、两相短路接地、两相相间短路、三相短路和三相短路接地故障。装置应能正确动作。

n）特殊项目的试验：根据被试保护产品的有关技术说明确定相应的试验项目。

1000kV 系统继电保护装置及安全自动装置检测技术规范

编　制　说　明

目　次

1　编制背景……207
2　编制主要原则及思路……207
3　主要工作过程……208
4　规范结构及内容……208

为满足国家电网公司特高压交流示范工程创国家优质工程质量目标，保证 1000kV 交流系统输电系统顺利投产运行，需确保用于 1000kV 交流系统的继电保护装置及安全自动装置的质量，保证其性能指标满足特高压系统的要求，因此起草编制适用于 1000kV 系统继电保护装置及安全自动装置检测试验和出厂试验的 Q/GDW 330—2009《1000kV 系统继电保护装置及安全自动装置检测规程》，对确保特高压交流试验示范工程的顺利投运以及未来特高压交流输电技术的发展均具有重要意义。

1　编制背景

1.1　国内目前为止尚无继电保护装置及安全自动装置检测规程。

1.2　由于 1000kV 特高压交流试验示范工程电压等级的提升，系统特点不同于现有电压等级的系统，对继电保护的要求也有其特殊性。

1.3　2007 年 9 月 18 日，国家电力调度通信中心在北京组织召开了特高压交流二次系统（保护与控制）技术标准编写工作协调会，对特高压技术标准工作提出了明确、具体的要求，并下发文件《关于印发特高压交流二次系统技术标准编写第一次工作会纪要的通知》（调综〔2007〕231）。会议确定了各标准的主要起草单位、参加编写单位及编写工作人员，明确了工作分工、方式和计划安排。其中，Q/GDW 330—2009《1000kV 系统继电保护装置及安全自动装置检测规程》编制工作组由国家电力调度通信中心负责，中国电力科学研究院牵头，参加单位包括：南京南瑞继保电气有限公司、许继电器股份有限公司、北京四方继保自动化股份有限公司、国电南京自动化股份有限公司、国家电网公司特高压建设部等。

2　编制主要原则及思路

2.1　根据国家电网公司重大科技项目“1000kV特高压输变电试验示范工程二次设备技术规范的研究”“1000kV特高压交流输电系统动态模拟仿真和继电保护装置选型试验研究”研究结果，在广泛调研和认真总结我国 500kV、750kV、1000kV交流系统对继电保护及安全自动装置要求的基础上，编制了本标准。

2.2　参照现有国家及电力行业有关继电保护及安全自动装置的相关标准，本标准对各种类型的保护装置的型式试验，包括检测条件、检测设备、测试项目统一进行了规定，每一个测试项目的试验条件、试验方法、测试时间都做了详细的说明，对每一测试项目的技术要求都做了具体规定。更便于测试人员使用。

2.3　根据特高压电磁环境的变化、线路阻抗角的增大、充电电流增大、并联电抗器容量增加、重合闸时间变化等特点，使其运行条件、谐波特性、时间常数、暂态过程等与 500kV和 750kV相比均有其不同程度的变化，这些变化对各保护装置提出了更高要求。

2.4　本标准根据特高压特点对型式试验中电磁兼容试验的严酷等级做出了明确规定，静电放电抗扰度试验要通过Ⅳ级，电快速瞬变/脉冲群抗扰度试验要通过Ⅳ级，工频磁场抗扰度试验要通过Ⅴ级，脉冲磁场抗扰度试验要通过Ⅴ级。

2.5　本标准根据线路保护、变压器保护、电抗器保护以及母线保护的不同特点，对动模试验检测中模拟系统参数、具体模型系统、试验项目以及各试验项目中保护装置的动作行为都作了规定。线路保护部分对模型线路阻抗角、分布电容参数都做了规定，根据特高压试验示范工程的特点要求线路保护要有三相联跳功能，测试项目中高阻接地没有规定过渡电阻值，而对故障点的短路电流作了要求。变压器保护中，试验模型系统中增加了调压变压器和补偿变压器，试验项目中增加了调压变压器和补偿变压器的测试项目。

3 主要工作过程

3.1 2007 年 4 月，确立编研工作总体目标，构建组织机构，确定参编单位及人员，开展课题前期研究工作。

3.2 2007 年 5 月，收集整理相关科研课题的研究成果作为标准编制基础。

3.3 2007 年 6 月，编写标准大纲，并将电子版提交编写组成员修改。

3.4 2007 年 9 月，国家电网公司国调中心在北京组织召开了特高压交流二次系统（保护与控制）技术标准会议，对标准大纲进行详细讨论。

3.5 2007 年 10 月，中国电力科学研究院根据编写组成员意见编制标准讨论稿，并将电子版提交编写组成员，编写组成员提出修改意见。

3.6 2007 年 11 月，召开了编写工作组第一次工作会议，会议对工作组各成员提出的修订意见进行了讨论。会后，由中国电科院汇总大家的意见，形成了标准的征求意见稿，交国调广泛征求意见。

3.7 2008 年 1 月 2～3 日，工作组召开第二次会议，邀请专家对标准初稿进行评审，与会专家对标准初稿进行了审议，在肯定初稿满足审议要求的前提下，提出了主要修改意见。

3.8 2008 年 1 月，工作组根据评审意见对标准再次进行认真修改，形成了标准报批稿。

4 规范结构及内容

本标准依据DL/T 800—2001《电力企业标准编制规则》的编写要求进行编制。标准主要结构及内容如下：

1. 目次；

2. 前言；

3. 规范正文共设 14 章，即范围、规范性引用文件、术语和定义、检测条件、结构及外观检查、功率消耗测试、环境试验、电源影响试验、机械性能试验、绝缘试验、电磁兼容、过载试验、测量元件准确度及装置功能、动态模拟试验测试项目。

参 考 标 准 目 录

GB/T 29322—2012　1000kV 变压器保护装置技术要求
GB/T 29323—2012　1000kV 断路器保护装置技术要求
GB/T 29327—2012　1000kV 电抗器保护装置技术要求
GB/T 31236—2014　1000kV 线路保护装置技术要求
GB/T 31237—2014　1000kV 系统继电保护及电网安全自动装置检测技术规范
Q/GDW 239—2008　1000kV 继电保护及电网安全自动装置检验规程
Q/GDW 328—2009　1000kV 母线保护装置技术要求
Q/GDW 331—2009　1000kV 继电保护及电网安全自动装置运行管理规程
Q/GDW 11025—2013　1000kV 变电站二次设备抗扰度要求